# Mitteilungen der deutschen Materialprüfungsanstalten

Sonderheft XX:
Aus dem **Staatlichen Materialprüfungsamt** zu Berlin-Dahlem

# Kohäsionsfestigkeit

Von

Dr.-Ing. W. Kuntze

Ständiges Mitglied und Professor im Staatlichen Materialprüfungsamt
zu Berlin-Dahlem

Mit 77 Abbildungen

Berlin

Verlag von Julius Springer

1932

ISBN 978-3-642-53325-9     ISBN 978-3-642-53365-5 (eBook)
DOI 10.1007/978-3-642-53365-5

# Vorwort.

Mit vorliegender Veröffentlichung ist, abgesehen von der Gepflogenheit, die Forschungsarbeiten des Staatlichen Materialprüfungsamtes zu sammeln, der Zweck verfolgt worden, die Arbeiten an einem in sich geschlossenen, im Amte entwickelten Forschungsgebiet der Öffentlichkeit zu übergeben. Die Inhaltsübersicht wird die Orientierung erleichtern.

Wenn auch auf diese Weise die Veröffentlichung Buchform annimmt, so möge der Leser doch nicht außer acht lassen, daß die nachträgliche Zusammenfügung von Einzelarbeiten manche Unebenheiten des Zusammenhanges mit sich bringt. Auch die damit verbundene Wiederholung von Einzeltatsachen dürfte mit Rücksicht auf die Neuartigkeit des Gebietes nicht von Nachteil sein. Wenn der Leser auf Widersprüche zur früheren Behandlung des Themas, insbesondere in den im Sonderheft 14 zusammengestellten Arbeiten stoßen sollte, so möge er das nicht als Irrtum, sondern als fortschrittliche Überholung des Älteren bewerten. Der Zweck ist ja nicht, ein Lehrbuch mit unumstößlichen Tatsachen zu bringen, sondern den Aufbau eines praktisch nützlichen Wissensgebietes zu zeigen.

Die behandelten Fragen gehören in das Gebiet der Technologischen Mechanik. Erscheinungen, die man in ihrer Auswirkung schon kennt, sollen erklärt und auf gemeinsame Grundlage zurückgeführt werden, um hieraus praktischen Nutzen ziehen zu können. Während Ludwik in seinen „Elementen der Technologischen Mechanik" die hauptsächlichsten Beanspruchungsformen auf den Schubwiderstand zurückführt, der in dem gewählten Bereiche nur von der Schiebung abhängt, von der Beanspruchungsart aber als praktisch nicht veränderlich angenommen werden konnte, wird hier in weiterem Rahmen die grundsätzliche Veränderlichkeit des Schubwiderstandes behandelt, die ihre Ursache in der Trennungskohäsion des Werkstoffes findet.

In der Versuchsdurchführung und Ausarbeitung hat Herr Dipl.-Ing. A. Krisch wertvolle und selbständige Mitarbeit geleistet.

Berlin-Dahlem, im Juli 1932.

W. Kuntze.

# Inhaltsübersicht.

Einleitung . . . . . . . . . . . . . . . . . . . . . . . . . . . . . . . . . . . . . . . . . . . . . Seite 5

## I. Teil.
### Aufbau.

1. Elastische Querdehnungen und räumliche Spannungen . . . . . . . . . . . . . . . . . 7
   - a) Elastische Formänderungen . . . . . . . . 7
   - b) Räumliche Spannungen . . . . . . . . . . 9
2. Plastizität und Festigkeit . . . . . . . . . . . 9
   - a) Experimentelle Grundlagen . . . . . . . . 10
   - b) Kritik der Ergebnisse . . . . . . . . . . . 14
     - Fließbeginn . . . . . . . . . . . . . . . . . 14
     - Festigkeit . . . . . . . . . . . . . . . . . . 14
     - Bruchdehnung . . . . . . . . . . . . . . . . 16
     - Trennfestigkeit . . . . . . . . . . . . . . . 16
   - c) Zusammenfassende Bewertung der Ergebnisse . 17
*3. Einfluß der Spannungsinhomogenität auf die Festigkeit . . . . . . . . . . . . . . . . . . 18
   - a) Höchstlastbedingung als Kriterium . . . . . 18
   - b) Experimentelle Beispiele . . . . . . . . . . 18
*4. Einfluß der Verformungsinhomigenität auf die effektive Festigkeit . . . . . . . . . . . . 21
   - a) Gestörter und ungestörter Verformungsverlauf im Kernquerschnitt . . . . . . . . . . . . . . . 21
   - b) Störungseinflüsse . . . . . . . . . . . . . . 22
   - c) Ungestörtes Verformungs- und Festigkeitsgesetz 23
   - d) Verformung des Schaftes . . . . . . . . . . 24
   - e) Korrektur der relativen Kernfläche und effektiven Spannungen aus der Verformung . . . . . . 24
   - f) Zusammenfassung . . . . . . . . . . . . . . 25
*5. Schub- und Trennwiderstandsgesetz bei räumlicher Zugbeanspruchung . . . . . . 25
   - a) Räumliche Hauptspannungen . . . . . . . . 25
   - b) Schub- und Normalspannungen . . . . . . . 26
   - c) Geometrische Darstellung des Hüllkurvengesetzes für das Lastenmaximum . . . . . . . . . . 26
   - d) Kritische Folgerungen für die Trennfestigkeit . 27
   - e) Gleitflächenmechanismus und Schubwiderstandsgesetz . . . . . . . . . . . . . . . . . . . . . . 28
   - f) Fließbeginn . . . . . . . . . . . . . . . . . 30

## II. Teil.
### Anwendung.

6. Praxis des Kerbzugversuchs . . . . . . . . 31
   - a) Probenform . . . . . . . . . . . . . . . . . 31
   - b) Probenfertigung . . . . . . . . . . . . . . . 32
   - c) Fehler der Probenfertigung . . . . . . . . . 34
   - d) Probenausmessung . . . . . . . . . . . . . 36
   - e) Prüfung . . . . . . . . . . . . . . . . . . . 36
7. Methodik der technischen Kohäsionsermittlung . . . . . . . . . . . . . . . . . . . . . . . . 37
   - a) Prinzip . . . . . . . . . . . . . . . . . . . . 37
   - b) Festigkeitsgesetze des räumlichen Spannungszustands . . . . . . . . . . . . . . . . . . . . . 38
   - c) Regeln der Festigkeitsstörungen im ungleichmäßigen Spannungszustand . . . . . . . . . . . 39
   - d) Prüfungsnormen . . . . . . . . . . . . . . . 40
     - Trennfestigkeitsprüfung . . . . . . . . . . 40
     - Kerbempfindlichkeitsprüfung . . . . . . . 40
   - e) Bewertung der Methodik . . . . . . . . . . 40
8. Beurteilung der Werkstoffe nach dem Bruchaussehen gekerbter Proben . . . . . . . . 41
9. Problemstellung der Metallermüdung . . . 43
10. Bedeutung und Anwendung . . . . . . . . . 45
    - a) Theorie . . . . . . . . . . . . . . . . . . . 45
      - Kristallographische Grundlagen . . . . . . 45
      - Hypothesen der elastischen Kontinua . . . 46
      - Inhomogenitätshypothese . . . . . . . . . 47
      - Technisches Kohäsionsproblem . . . . . . 48
      - Schubwiderstandsgesetz . . . . . . . . . . 48
    - b) Werkstoff . . . . . . . . . . . . . . . . . . 50
      - Plastizität . . . . . . . . . . . . . . . . . 50
      - Statische Festigkeit . . . . . . . . . . . . 52
      - Schlag- und Dauerfestigkeit . . . . . . . . 53
      - Begriffsdeutung . . . . . . . . . . . . . . 54
    - c) Konstruktion . . . . . . . . . . . . . . . . 55
      - Statische Beanspruchung . . . . . . . . . 55
      - Schlag- und Dauerbeanspruchung . . . . . 57
      - Bemessungspraxis und Werkstoffwahl . . . 59

Schlußwort . . . . . . . . . . . . . . . . . . . . 60

Literatur . . . . . . . . . . . . . . . . . . . . . . . . . . . . . . . . . . . . . . . . . . . . . . . 61

Die mit einem * versehenen Abschnitte wurden gemeinsam mit Herrn Dipl.-Ing. A. Krisch bearbeitet.

# Einleitung.

Die analytische und mathematische Durchdringung der Gesetze des plastischen Gleitwiderstandes ist, wenn auch erst seit kurzem, so doch mit Erfolg von der Kristallehre ausgegangen, nachdem das Röntgenverfahren am künstlichen Kristall eine breite Unterlage von Versuchsergebnissen ermöglichte.

Am vielkristallinen Werkstoff ist die ursächliche Durchforschung nicht über eine Reihe von mathematischen Ansätzen hinausgelangt, weil eine aus technologischen und prüfmethodischen Rücksichten allzu eingeengte mechanische Versuchspraxis weder eine geschlossene noch genügend weitgreifende Unterlage von Ergebnissen liefern konnte. Insbesondere fehlte es immer noch an einer planmäßigen Untersuchung **räumlicher Zugbeanspruchung**.

Um die Gesetze der räumlichen Beanspruchung zu ergründen, untersuchte man außer den elementaren Beanspruchungsformen Zug, Druck, Schub (Verdrehung) und Kombinationen derselben auch die einzelnen oder kombinierten Beanspruchungsformen unter Hinzufügung von hydrostatischem Druck oder von Innendruck bei geschlossenen Probenkörpern (Rohren).

Die Bereiche sind hierbei beschränkt, da man höchstens in 2 Raumrichtungen Zug erzeugen kann, nicht aber in der dritten. Obgleich man weiß, daß es außer dem Formänderungswiderstand einen Widerstand gegen Trennen gibt, war es nicht möglich, diesen Zustand mit den aufgezählten Mitteln bei plastischen Stoffen zu verwirklichen.

Die Untersuchung **unsteter Körperformen (Kerben)** bietet hierzu die Möglichkeit. Die Einflüsse ungleichmäßiger Spannungsverteilung, die jede unstete Körperform mit sich bringt, sind zu eliminieren. Die Gestaltung ist so zu wählen, daß die erstrebte Raumwirkung sich gesetzmäßig bis zur Grenzmöglichkeit steigern läßt (allseitig gleicher Zug), also die räumliche Kraftwirkung als Ganzes **systematisch erschlossen** wird. Ferner muß die Gestalt des Versuchskörpers in ihrer Veränderlichkeit wohldefiniert sein, so daß sie **schematisch als formelmäßiger Ausdruck** für jeden beliebigen Spannungszustand gelten kann.

Diese Bedingungen erfüllt eine zylindrische Zugprobe mit umlaufender Dreieckskerbe, deren Spitzenwinkel zwischen 0 und 180° und deren Tiefe zwischen der Größe des Zylinderradius und null veränderlich ist (Abb. 45).

Für die Beurteilung der Werkstoffe unter den erzeugten Spannungszuständen soll die **Schubspannung** oder die **Zugspannung in Richtung der größten Hauptspannung** maßgebend sein. Bei gesteigerten Spannungen soll nicht der gesamte Kurvenverlauf festgehalten werden, sondern die charakteristischen Zustände des **Fließbeginns**, des **Lastenmaximums** und des **Zerreißens**. Sie sind entsprechend der v. Moellendorffschen Indikation stets durch die Anzeiger I, II und III gekennzeichnet und, soweit es den gesetzmäßigen Aufbau betrifft, sind die zu ihnen gehörenden Verformungen unter gleicher Anlehnung als Querschnittsänderungen auszudrücken, weil das Flächenelement die natürlichste begriffliche Koordination zur Spannung ist.

Zeichenerklärung:

$\omega$ = Kerbwinkel in Grad,
$f$ = meistbeanspruchter Querschnitt (Kernquerschnitt),
$F$ = Querschnitt ohne Kerbabzug (Schaftquerschnitt)
$k = \dfrac{f_0}{F_0} = \dfrac{d^2\pi/4}{D^2\pi/4}$ relative Kernfläche,
$k' = f_{II}/F_{II}$, relative Kernfläche,
$\varphi$ = Winkel zwischen Gleitfläche und Zugachse.

Indices:

$\left.\begin{array}{r}1\\2\\3\end{array}\right\}$ = Richtung der 3 Hauptspannungen,

0 = Ausgangsquerschnitt,
I = Fließbeginn,
II = Lastenmaximum,
III = Bruch,
$k$ = Einkerbung, gekennzeichnet durch die relative Kernfläche,
$s$ = Schaft in Kerbnähe,
$\omega$ = Kerbwinkel.

$\varepsilon$ = elastische Dehnungen,
$\alpha = 1/E$ elastische Dehnungszahl,
$\mu$ = Poissonsche Konstante,
$\alpha_3 = \varepsilon_3/s_1$ Querdehnung je Spannungseinheit,
$\chi = 3\alpha s(1-2\mu)$ elastische Kompression oder Expansion für $s_1 = s_2 = s_3 = s$,
$\psi = 100 - \dfrac{f}{f_0}100$ Querschnittsänderung in Prozent,
$\psi' = 100 - \dfrac{f}{f_{II}}100$ Einschnürung in Prozent auf den Höchstlastquerschnitt bezogen,
$P$ = Last,
$s = P/f$ effektive Spannungen,

$\sigma = P/f_0$ auf den Ausgangsquerschnitt bezogene Spannungen,

$\tau =$ Schubwiderstand,

$s_N =$ Normalspannung zur Gleitfläche,

$s_T =$ Trennfestigkeit,

$\sigma_m =$ mittlere Spannung,

$\sigma_{max} =$ Spitzenspannung,

$\sigma_B = \sigma_{II}$ Zugfestigkeit oder Höchstlast. Ist ausdrücklich das Maximum in der Zugkurve gemeint, so wird die Bezeichnung „Lastenmaximum" ($\sigma_{II}$) gewählt,

$\sigma_S = \sigma_I$ Streckgrenze,

$\sigma_D =$ Dauer-Schwingungsfestigkeit,

$\sigma_{DI} =$ Schwingungsfließgrenze,

$\sigma'_{IIk} =$ gestörte Zugfestigkeit ⎫
$\sigma'_{Ik} =$ gestörte Streckgrenze ⎬ bei Einkerbungen,
$\sigma'_{Dk} =$ gestörte Dauer-Schwingungsfestigkeit ⎭

$\sigma''_{II} = \sigma'_{IIk}/\sigma_{IIk}$ gestörte Festigkeit in Bruchteilen oder Prozent des Sollwertes,

$\sigma'' =$ desgleichen für eine festgelegte Prüfform,

$\sigma''_D = \sigma'_{Dk}/\sigma_{Dk}$ gestörte Dauer-Schwingungsfestigkeit in Bruchteilen des Sollwertes,

$\varkappa = \sigma_m/\sigma_{max}$ Spannungsverhältnis,

$\varkappa'' =$ dsgl. für eine festgelegte Prüfform,

$s_3/s_1 = 1-k$ Spannungszustand (ist im $k$-System gleich der nebenstehenden Funktion von $k$, wenn der Kerbwinkel $\omega = 0°$ ist).

# I. Teil.
## Aufbau.
### 1. Elastische Querdehnungen und räumliche Spannungen.

Elastische Dehnungsmessungen quer zum äußeren Kraftangriff an gekerbten Rundstäben sind noch nicht ausgeführt worden. Die üblichen Messungen in Richtung der angreifenden Kraft haben hauptsächlich den Zweck, für eine Einkerbung bestimmter Gestalt die ungleichmäßige Verteilung der Spannungen über dem gefährlichen Querschnitt nachzuprüfen, Querdehnungsmessungen erlauben hingegen einen Einblick in die Veränderlichkeit des räumlichen Spannungszustandes infolge wechselnder Kerbform.

Für genannten Zweck genügt die Untersuchung an einzelnen praktisch wiederkehrenden Kerbformen nicht. Zweckmäßig ist eine Reihe von Kerbproben mit planmäßig verstärkter Kerbwirkung, die bei Zunahme der Kerbtiefe erzeugt wird, wobei der Probenquerschnitt wegen des Vorteils der Symmetrie kreisrund ist. Hinsichtlich der Kerbform scheiden die meist untersuchten kreisförmigen Kerben — obgleich diese theoretische Anhaltspunkte geben — sowie die rechteckigen Kerben aus, weil sie sich bei zunehmender Kerbtiefe nicht proportional gestalten lassen. Den Vorteil der Proportionalität bietet dagegen die dreieckige Spitzkerbe (Abb. 2). Die Verhältnisse erinnern an die Ludwiksche Kegelhärteprobe, bei welcher mit zunehmender Eindrucktiefe stets Eindrücke von dreieckigem Querschnitt auftreten, die wegen ihrer Ähnlichkeit eine konstante Härtezahl ergeben; der Kugeleindruck liefert mit zunehmender Eindrucktiefe unähnliche Eindruckquerschnitte[1]. Elastizitätstheoretische Ansätze in der Behandlung der Dreieckskerbe sind wie bei allen unstetigen Querschnittsübergängen nicht möglich; hierauf soll zugunsten des größeren Vorteils der Ähnlichkeitswirkung und des Systems in der Untersuchung verzichtet werden. Mit Hilfe sorgfältig spitzenzentrierter Einspannungen wurde ein biegender Einfluß bestmöglichst vermieden.

#### a) Elastische Formänderungen.

Zunächst sollen die elastischen Querdehnungen im gekerbten Probenquerschnitt ermittelt werden. Die ungleichmäßige Verteilung der elastischen Dehnungen über den Querschnitt ist bei Proben mit kreisrundem Querschnitt nicht meßbar. Ihr Vorhandensein bei Einkerbungen ist zur Genüge nachgewiesen worden. Die erhöhte elastische Anspannung im Kerbengrund kann als ein Voraueilen der Beanspruchung gegenüber den anderen Querschnittsteilen betrachtet werden. Solange das Hookesche Gesetz zutrifft, beeinträchtigt die unterschiedliche Spannungsverteilung die Richtigkeit der zu ermittelnden Spannungs-Dehnungsgesetze keineswegs, da ja den meßbaren mittleren Dehnungen im Querschnitt stets meßbare mittlere Spannungen entsprechen.

Die Querdehnungen wurden mit einer Vorrichtung nach Abb. 1 und zunächst bei einer Genauigkeit bis zu $10^{-6}$ cm (das ist das 20fache der üblichen Genauigkeit bei Martensschen Spiegeln) ermittelt*. In dem Apparat wurden reibende Bewegungen streng vermieden und die

Abb. 1. Querdehnungsmesser. Etwa $^1/_2$ natürliche Größe.

Übersetzung der Querschnittsänderungen lediglich mittels eines einzigen Schneidenprismas mit Spiegel auf optischem Wege erzeugt. Die Gesamtdrehungen des Apparates wurden durch Beobachtungen an einem festen Spiegel herauskorrigiert. Die Dehnungskurven sind in Abb. 2 und 3 wiedergegeben. Die elastischen Dehnungen ergeben sich aus der Tangente im Fußpunkt an die Kurven, sie sind, wie in den Abb. 2 und 3 angegeben, nach Entlastung der Probe besonders ermittelt worden.

Aus den Kurven ist erkenntlich, daß die Richtung der elastischen Durchmesseränderung bei zunehmender Kerbtiefe wechselt, bei tiefen Einkerbungen wird der Durchmesser unter Zug größer. Die plastischen Verformungen folgen dieser räumlichen Kräfteeinwirkung nicht, sie erzeugen bei allen Kerbtiefen eine Durchmesserabnahme. Die elastische Vergrößerung des Durchmessers ist auf die größere Volumenzunahme bei tieferen Einkerbungen zurückzuführen. Diese wächst unter der Spannungseinheit von $\alpha(1-2\mu)$ im linearen Zustand bis zu $3\alpha(1-2\mu)$ im dreidimensional gleichen Zustand. Der rein plastische

---
* Der Apparat wurde vom Mechaniker Herrn F. Lange in den Werkstätten des Amtes angefertigt.

Verformungsmechanismus setzt jedoch die Unveränderlichkeit des Volumens voraus, so daß einer Verlängerung in der Zugrichtung immer eine Verkürzung in der Querrichtung entspricht.

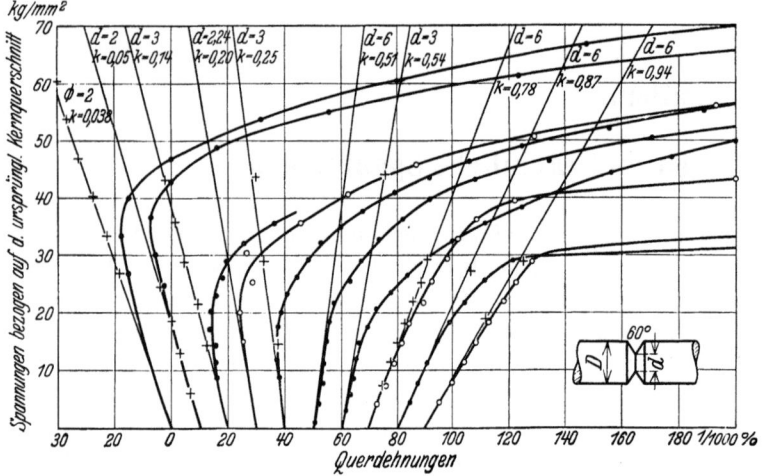

Abb. 2. Querdehnungen im Kernquerschnitt gekerbter Zugproben aus Stahl $R$ (0,61% C, 0,53% Mn, 0,26% Si, 0,23% Cr).
Durchmesserzunahme nach links, -abnahme nach rechts. ○ ● = Gesamtdehnungen, + = elastische Dehnungen nach Vorrecken und Entlasten gemessen, $k = \dfrac{d^2 \pi/4}{D^2 \pi/4}$ = relative Kernfläche.

Die elastischen Querdehnungen unter der Einheit der Längsspannungen $= \varepsilon_{3,k}/s_1$ (worin $\varepsilon_{3,k}$ die auf die Durchmessereinheit bezogene Durchmesseränderung im Kernquerschnitt, also in Richtung der dritten Hauptspannung und $s_1$ die Spannung in Richtung der ersten Hauptspannung ist) wurden in Abb. 4 über den zugehörigen Kerbtiefen (in $k$ ausgedrückt) aufgetragen. Sie liegen auf einer Geraden, die links auf die Querdehnungszahl $\mu \alpha$ des ungekerbten Stabes zustrebt. Der rechte Grenzwert entspricht der Querdehnung bei gedachter tiefster Einkerbung bis zur Stabachse.

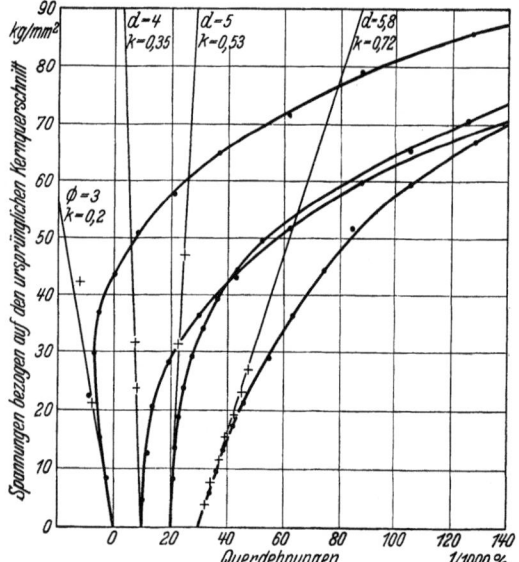

Abb. 3. Querdehnungen im Kernquerschnitt gekerbter Zugproben. Bezeichnungen wie Abb. 2, Werkstoff wie Abb. 2, jedoch vor dem Einkerben bis zur Höchstlast vorgereckt.

Da nun bei diesen Versuchen die Messungen nach starker plastischer Verformung und sehr hoher Beanspruchung (bis zu 80 kg/mm²) ausgeführt werden mußten, um mit gehobener Fließgrenze genügend große Zahlenwerte zu erhalten, so könnten wegen der unübersichtlichen Spannungsverteilung die elastischen Werte durch plastische Anteile beeinflußt worden sein. Es wurden daher für den gleichen Kerbwinkel bei zwei verschiedenen Kerbtiefen Kontrollversuche mit noch größerem Über-

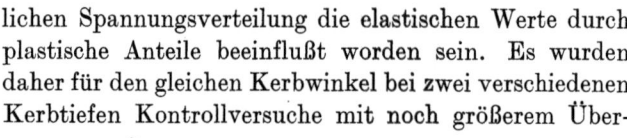

Abb. 4. Elastische Quer- und Längsdehnungen für die Spannungs- und Kerndurchmessereinheit in Abhängigkeit von der relativen Kernfläche $k$ und dem Kerbwinkel $\omega$ bei Kerbzugproben.
● = Versuchswerte unterhalb der Elastizitätsgrenze ermittelt; Mittelwerte aus zahlreichen Versuchen. ○ = Gestörte Versuchswerte, ermittelt nach starker plastischer Vorbeanspruchung der gekerbten Probe; Werte sind aus Abb. 2 und 3 entnommen.

setzungsverhältnis der Meßapparatur (Ablesegenauigkeit $= 3{,}3 \cdot 10^{-7}$ cm) vorgenommen. Der Kerndurchmesser wurde etwa verdreifacht (für $k = 0{,}69$, $d = 15$ mm; $k = 0{,}35$, $d = 10$ mm), und die Belastungen auf 0,5 bis 4 kg/mm² verringert, so daß an keiner Stelle des Querschnittes die Streckgrenze überschritten wurde.

Die in Abb. 4 eingezeichneten beiden Kontrollpunkte, die das Mittel aus je etwa 20 Einzelmessungen darstellen, ergaben Dehnungswerte, die gegenüber der ersten Meßreihe mehr in Richtung einer Durchmesserzunahme lagen. Damit wurde die Annahme bestätigt gefunden, daß nach vorangehender plastischer Beanspruchung der gekerbten Probe die Meßwerte nicht rein elastisch bleiben und ungestörte Werte nur zu erwarten sind, wenn die gekerbte Probe vor der Messung nicht plastisch beansprucht war und insbesondere die Messungen bei sehr geringen Lasten ausgeführt werden.

Die Störung ist wohl darauf zurückzuführen, daß neben einer allgemeinen Erhöhung der Fließgrenze durch Vorrecken beim Entlasten auch plastische Druckzonen entstehen, die einen Bauschingereffekt hervorrufen[2].

Die ungestörten Versuchspunkte lagen ebenfalls auf einer Geraden.

Außerdem wurden für einen Kerbwinkel von 135° bei verschiedener Kerbtiefe ($k = 0{,}69$, $= 0{,}48$, $= 0{,}29$), jedoch gleichem Außendurchmesser von $D = 10$ mm Messungen bei gleichfalls geringer Belastung ausgeführt. Es stellte sich bei diesen Messungen heraus, daß große Kerbwinkel größere Probenlängen erforderten, weil sich sonst der Einfluß der Einspannung auf das räumliche Kraftfeld bei den Messungen im Sinne einer Durchmesserabnahme bemerkbar machte. Dieser störende Einfluß wurde aber mit abnehmendem Kernquerschnitt immer geringer, weil das Verhältnis Probenlänge zu Querschnitt dadurch günstiger wurde. Es wurden daher diese Versuche so ausgewertet, daß die bei verschiedener Kernfläche aus insgesamt etwa 100 Einzelmessungen gemittelten Werte auf die Kernfläche $k = 0$ extrapoliert und nur dieser Grenzwert in die Abb. 4 eingetragen wurde.

Die Darstellung auch der störenden Einflüsse bei elastischen Messungen an gekerbten Proben sei hier deshalb nicht ausgelassen, weil sie einen weiteren Einblick in die Vorgänge gestattet*.

Jetzt ergab sich, daß die für $k = 0$ ermittelten Grenzwerte sich nach dem Kerbwinkel $\omega$ ebenfalls linear einordnen und die Größe

$$\left(\mu\alpha + \frac{\chi}{3}\right)\frac{180-\omega}{180} - \mu\alpha$$

annehmen, worin $\chi = 3(1-2\mu)\alpha \cdot 1$ die kubische Volumenausdehnung bei der Spannung 1 bedeutet. Für $\omega = 0°$ ergibt sich somit die lineare Querdehnung $\chi/3$.

Ist nun die lineare Querdehnung eines Würfels gleich einem Drittel seiner räumlichen Ausdehnung, so muß die Ausdehnung allseitig gleich sein, wie sich leicht nachweisen läßt.

Bezeichnet man nämlich die allseitig gleiche lineare Ausdehnung eines Würfels von der Kante $l$ mit $x$ und seine räumliche Ausdehnung mit $\chi$, so muß $(l+x)^3 - l^3 = \chi$ sein, und daraus ergibt sich unter Vernachlässigung der Glieder mit $x^2$ und $x^3$, weil $x$ sehr klein ist, $x = \frac{\chi}{3}$.

Aus den Versuchen ergibt sich mithin, daß die Querdehnungen mit der Kernfläche und dem Kerbwinkel geradlinig verlaufen und im Grenzfall beim Kerbwinkel 0° und der relativen Kernfläche 0 der allseitig gleiche Dehnungs- und Spannungszustand herrscht.

### b) Räumliche Spannungen.

Aus dem geradlinigen Verlauf der Querdehnungen in Abb. 4 folgt für die Querdehnung $\varepsilon_3$ beim Kerbwinkel 0° und der relativen Kernfläche $k$ unter der Spannung $s_1$ die geometrische Beziehung:

$$\varepsilon_3 = \frac{\chi}{3} - \left(\mu\varepsilon + \frac{\chi}{3}\right)k, \qquad (1)$$

worin $\mu \cdot \varepsilon = \mu\alpha s_1$ die Querdehnung des ungekerbten Stabes ist. Anderseits besteht die elastizitätstheoretische Beziehung[3]:

$$\varepsilon_3 = \alpha[s_3 - \mu(s_1 + s_3)],$$

worin $s_1$ und $s_3$ die Längs- und Querspannungen sind. Mit Eliminieren von $\varepsilon_3$ ergibt sich:

$$s_3 = s_1(1-k). \qquad (2\mathrm{a})$$

Da sich nach obigem Befund für $k$ die Verhältniszahl $\omega/180$ einsetzen läßt, folgt:

$$s_3 = s_1 \frac{180-\omega}{\omega}. \qquad (2\mathrm{b})$$

Diesen Beziehungen genügt ein ebenfalls geradliniger Verlauf der Längsdehnungen in Abb. 4.

Die Gleichung (2) besagt, daß an Stelle der Abszisse $k$ der Quotient $s_3/s_1$ in umgekehrter Zählrichtung eingeführt werden kann, sobald der Kerbwinkel $\omega = 0$ beträgt. Und, wenn $k = 0$ ist, kann ebenfalls in umgekehrter Zählrichtung für $\omega/180$ der Quotient $s_3/s_1$ eingesetzt werden. Dieser ist aber das Verhältnis der kleinsten zur größten Hauptspannung und daher ein Gradmesser für den wirksamen Spannungszustand, weil nach der Elastizitätstheorie die größte Schubspannung nur von diesen beiden Spannungen, nicht aber von der mittleren Hauptspannung abhängt.

Da sich bei der Berechnung der Gleichung (2) die elastischen Konstanten $\mu$, $\alpha$ und damit auch $\chi$ herausheben, ist der Spannungszustand $s_3/s_1$ nur gestalts-, nicht aber materialabhängig.

Eliminiert man jetzt $k$ aus Gleichung (2a) und setzt es in Gleichung (1) ein, so errechnet sich der Spannungszustand zu:

$$\frac{s_3}{s_1} = \frac{\varepsilon_{3,k} + \mu\varepsilon}{\varepsilon - \mu\varepsilon} = \frac{\alpha_{3,k} + \mu\alpha}{\alpha - \mu\alpha}. \qquad (3)$$

Es läßt sich mithin bei Kenntnis der elastischen Kontanten $\alpha$ und $\mu$ an beliebiger Probenform der Spannungszustand ermitteln, wenn man die elastische Dehnung in der Richtung der kleineren Hauptspannung ($\alpha_3 = \varepsilon_3/s_1$) messen kann, während die Messung in Richtung der ersten Hauptspannung sich erübrigt. Die Messung der Querdehnung $\varepsilon_3$ kann sowohl positiv als auch negativ und für den Spannungszustand $s_3/s_1 = \mu/(1-\mu)$ null werden.

## 2. Plastizität und Festigkeit**.

Die physikalische Seite der Erforschung von Metallplastizität und Festigkeit liegt heute vornehmlich auf dem Gebiet der Kristall- und Atomphysik. Daß Veränderungen in der Mikrostruktur von Bedeutung für energetische Wirkungen sind, berechtigt, mit diesen Forschungszweigen, etwa ebenso wie mit der chemischen Analyse, Erkenntnisse zu sammeln.

Die technische Möglichkeit, Einkristalle in der zwecks ihrer mechanischen Prüfung erforderlichen Größe herzustellen, das neuzeitliche Röntgenverfahren, welches den Nachweis der inneren Ordnung im Kristall gestattet, ferner die Möglichkeit einer mathematischen Behandlung auf Grund dieser Ordnung haben die einseitige Erforschung des plastischen Widerstandes am Einkristall in den Vordergrund geschoben. Ein folgerichtiger Schluß auf die Festigkeit des Konglomerats ist indessen deshalb nicht gelungen, weil die allseitige Inspruchnahme des Kristalliten im Konglomerat experimentell am Einkristall nicht nachahmbar ist.

Eine Aufteilung der Materie zwecks mechanischer Prüfung ihrer Bestandteile ist also nicht aussichts-

---

* Mit der ersten (gestörten) Meßreihe entstand eine in der Z. Physik Bd. 72 (1931) S. 785—792 veröffentlichte Auswertung über die Kräftereaktionen bei Einkerbungen, die auf Grund meiner neueren Versuche hinfällig geworden ist, womit aber das Ergebnis des polarsymmetrischen Spannungszustandes als Grenzzustand nicht beeinträchtigt wird.

** Original: Z. Physik Bd. 74 (1932) S. 45—65.

reich, um Herr der Makroerscheinungen, vor allem der praktisch nützlichen zu werden. Funktionelle Zusammenhänge, die für die Voraussage in der praktischen Technik so wichtig sind, finden wir hingegen bei einer Analyse der statistischen (komplexen) Eigenschaften mit Hilfe technisch wichtiger, aber physikalisch begründeter Einheitsbegriffe.

Hat die Natur mit oder ohne Zutun der Erzeugerindustrie einen Stoff wie Stahl geliefert, dessen praktisch begehrte Eigenschaften Festigkeit und Plastizität sind, so muß die technische Artung dieser Eigenschaften bei der Erforschung und der auch hier notwendigen Analyse möglichst erhalten bleiben; für die Nützlichkeit der Eigenschaften gibt immer die Praxis die erste Anregung. Bei der Übernahme der dafür eingeführten technologischen Begriffe in die Forschung ist aber zu überprüfen, ob diese nicht allzusehr methodischen oder wirtschaftlichen Zwecken unterliegen; einen physikalischen Sinn müssen sie aufweisen. So sind manche konventionelle Festigkeits- und Güteziffern der Materialprüfung für eine kausal-wissenschaftliche Untersuchung nicht geeignet. Eine Ausnahme bildet die übliche Zugfestigkeit (Lastenmaximum) — ganz gleich, ob sie auf den ursprünglichen Querschnitt des Prüfstabes oder effektiv bezogen ist —, denn sie besitzt eine unmittelbare physikalische Bedeutung dadurch, daß ihr Erscheinen an den Übergang von plastischer Verfestigung zur plastischen Zerrüttung gebunden ist. Mit den plastischen Dehnungsbegriffen ist ähnlich zu verfahren. Die konventionelle Gesamtbruchdehnung hat nicht nur fast keinen wissenschaftlichen Wert, sondern es haben sich selbst in ihrer praktischen Nutzanwendung Unsicherheit und Gefahren herausgestellt. Eine Unterteilung der Gesamtverformung in die vor Eintritt der Höchstlast auftretende Gleichmaßverformung und die darauf folgende Fließkegelverformung (Einschnürung) ist aber wiederum physikalisch bedingt,

da sie die grundlegenden Verformungsvorgänge der Verfestigung und der Zerrüttung vertreten.

Eines der wichtigsten praktisch-technischen Erfordernisse ist die Kenntnis des Einflusses der Gestalt auf Plastizität und Festigkeit. Will man die Grundlagen hierzu erkennen, so sind körperliche Formen zu untersuchen, die schematischen Charakter tragen und möglichst das ganze System der Erscheinungen zwischen den gesteckten Grenzen in sich schließen. Der Ingenieur weiß mit solchen Untersuchungen zunächst nichts anzufangen. Ihm sind Formen, die dem fertigen Werkstück ähneln, lieber. Sind aber Grundlagen und Zusammenhänge der Erscheinungen entdeckt und in anschauliche Gesetze gehüllt, so sind wieder weitere Tore zur Nutzanwendung geöffnet.

Im folgenden sind die plastischen Eigenschaften bei planmäßiger Gestaltsänderung an einer Probenreihe untersucht, die schon bei der elastischen Prüfung den Vorteil der Geschlossenheit der Erscheinungen mit sich brachte (S. 8).

### a) Experimentelle Grundlagen.

Bei der Untersuchung wurde auf eine systematische Steigerung der Kerbwirkung Wert gelegt. Der in Abb. 2 dargestellte Rotationskörper mit dreieckiger Spitzkerbe hat sich als besonders geeignet erwiesen, Gesetzmäßigkeiten schematisch herauszuschälen, weil bei zunehmender Kerbtiefe die Proportionalität der Einkerbung gewahrt bleibt. Elastische Querdehnungsmessungen an dieser Probenform ergaben mit zunehmender Kerbtiefe eine gesetzmäßige Abnahme der Querdehnung bis zu

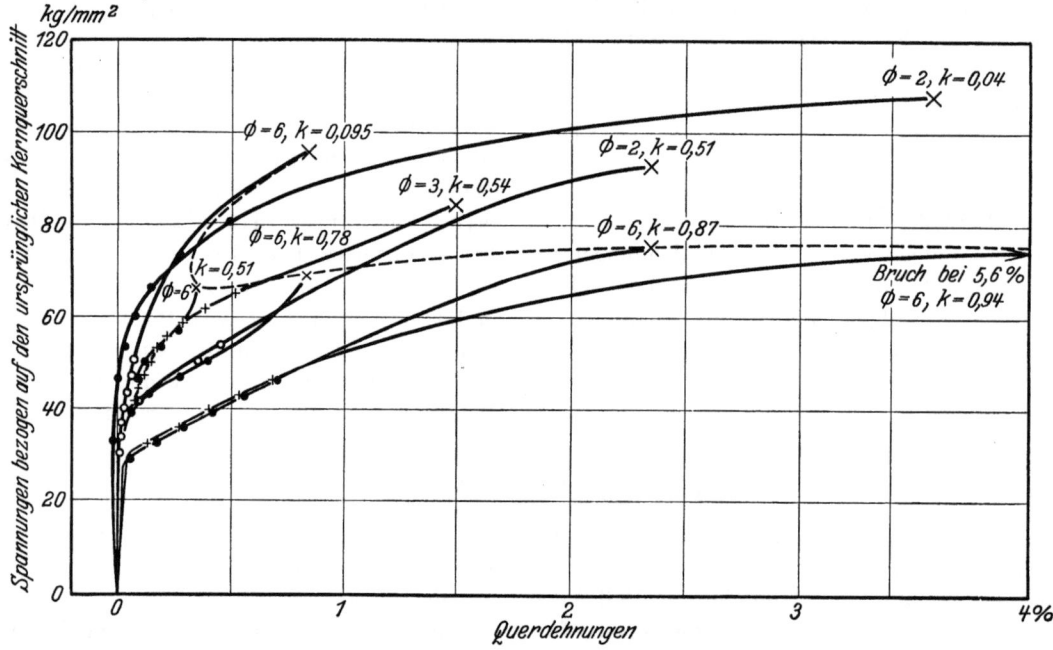

Abb. 5. Formänderungskurven gekerbter Zugproben. × = Anbruch; $k = \dfrac{d^2 \pi/4}{D^2 \pi/4}$ (siehe Abb. 2); ⌀ = Kerndurchmesser $d$; – – – = Verbindungslinie der Kurvenenden von gleich dicken Proben (Durchmesser $d = 6$ mm). Werkstoff: Stahl $R$ (0,61% C, 0,53 Mn, 0,26 Si, 0,23 Cr). Durchmesserabnahme nach rechts.

einem Grenzwert, welcher den Nachweis zuließ, daß bei tiefstmöglicher Einkerbung bis zur Stabachse und bei dem Kerbwinkel null ein allseitig gleicher Spannungszustand herrscht (S. 9). In diesem Grenzzustand ist mithin wegen mangelnder Schubkräfte die Plastizität vollständig ausgeschaltet, und die Festigkeit ist hier ein

Ausdruck für die technische Kohäsion des Werkstoffs, die mit „Trennfestigkeit" benannt wird. Von der physikalischen Kohäsion unterscheidet sich dieser Begriff durch zahlenmäßig kleinere Werte, die ihre Begründung darin

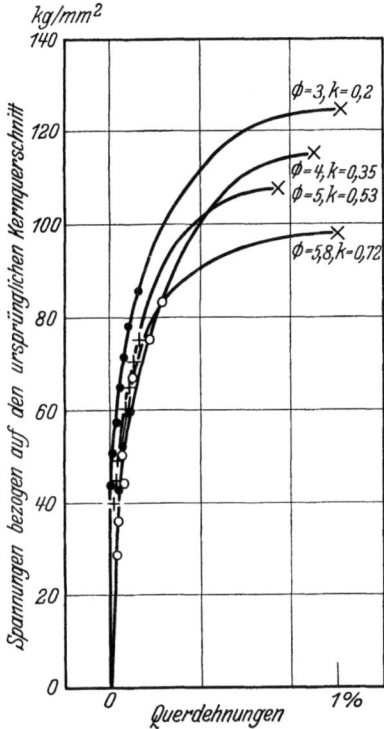

Abb. 6. Formänderungskurven gekerbter Zugproben. Werkstoff wie Abb. 5, jedoch vor dem Einkerben bis zur Höchstlastgrenze vorgereckt. Bezeichnungen wie in Abb. 5.

haben mögen, daß im technischen Werkstoff ein ungestörtes Atomgitter in Wirklichkeit nie vorhanden ist[4, 5, 6].

Die elastischen Versuche ergaben auch die Tatsache, daß vor allem bei mitteltiefen Einkerbungen die plastische Verformung infolge des Vorauseilens der Anspannungen

Die Querdehnungsmessungen wurden nun bis ins plastische Gebiet weitergeführt. Die Querdehnungskurven sind in den Abb. 5 bis 7 wiedergegeben. Aus den Schaubildern wurden einige Dehnungsgrenzen, d. h. die, bestimmten Dehnungen entsprechenden Spannungen, abgegriffen und über der relativen Kernfläche $k = \dfrac{d^2 \pi/4}{D^2 \pi/4}$ in Kurven aufgetragen, die in den Abb. 8, 9, 10 zu sehen sind. Während die Spannungen bei kleinen Dehnungstoleranzen nach mitteltiefen Einkerbungen zu abfallen, steigen die, höheren Dehnungswerten zugeordneten Spannungen an, und zwar um so steiler, je größeren Dehnungen die Spannungen entsprechen. Die Kurven nähern sich daher, wohl unter überwiegendem Einfluß des räumlichen Spannungszustandes, dem Verlauf, der auf den ursprünglichen Kernquerschnitt bezogenen Zugfestigkeitswerte der gekerbten Proben. Dieser Verlauf ist bei den meisten Stoffen geradlinig[8] (vgl. auch Abb. 9 und 10). Indessen bilden sog. kerbspröde Stoffe eine Ausnahme. Bei ihnen fällt die Festigkeit mit mittleren Kerbtiefen ab, um dann bei tiefsten Einkerbungen wieder über die Festigkeit des ungekerbten Stabes anzusteigen (Stahl R und A, Abb. 8 und 11). Zu dieser Unterbrechung der geradlinigen Gesetzmäßigkeit bei einzelnen, später noch zu definierenden Werkstoffen gesellt sich noch eine weitere Gesetzwidrigkeit: große Proben zeigen einen stärkeren Festigkeitsabfall als kleine. Eher sollte man erwarten, daß wegen der größeren Anzahl Kristalle im Querschnitt große Proben mehr halten als kleine. Die Festigkeit gekerbter Proben ist also nicht immer dem Ähnlichkeitsgesetz unterworfen, ein Umstand, der von Bedeutung ist.

Betrachtet man aber das Gesamtbild der Erscheinungen in Abb. 8 und 11, so kann man doch wieder von einem wohlgeordneten Aufbau der Dinge sprechen. Die Festigkeitskurven verschiedener Probengrößen, die links im

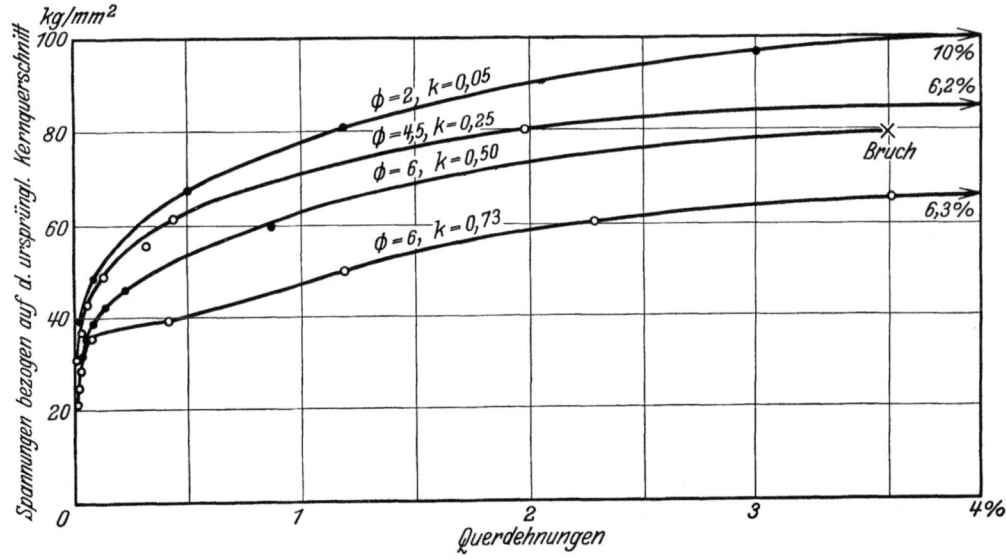

Abb. 7. Formänderungskurven gekerbter Zugproben aus Stahl M (0,22% C, 1,00 Mn, 0,29 Si). Bezeichnungen wie in Abb. 5.

im Kerbengrund schon bei geringsten Lasten einsetzte und die Proportionalitätsgrenze bei dieser Einkerbungsform praktisch gleich null gesetzt werden kann. Um diese Erscheinungen nicht durch zusätzliche Biegungen[7] zu trüben, wurden die Kerbzugproben unter Verwendung sorgfältig spitzenzentrierter Einspannkörper geprüft.

Schaubild vom Zugfestigkeitspunkt der ungekerbten Probe ausstrahlen, streben alle nach rechts hin bei tiefster Einkerbung einem gemeinsamen Schnittpunkt zu, welchem die Spannung $\sigma_{k=0}$ entspricht. Würden die Proben nun unendlich klein werden, so ginge die Festigkeitskurve angenähert in die Verbindungsgerade zwischen Zugfestigkeit $\sigma_B$ und Spannung $\sigma_{k=0}$ über. Es ist dann ein ähnlicher Zustand erreicht, wie bei den übrigen nicht kerbspröden Stoffen, deren Festigkeit mit zunehmender Kerbtiefe nach dem geradlinigen Gesetz verläuft. Aus der Gleichung dieser Geraden ergibt sich die Festigkeit

$$\sigma_{IIk} = \sigma_{k=0} - k(\sigma_{k=0} - \sigma_B), \quad (4)$$

worin $k$ einen beliebigen Kernquerschnitt in Bruchteilen des Ganzquerschnittes bedeutet (relative Kernfläche $k$).

In Abb. 12 und 13 ist die Extrapolation der Festigkeit bei verschiedener Probengröße, aber gleicher relativer

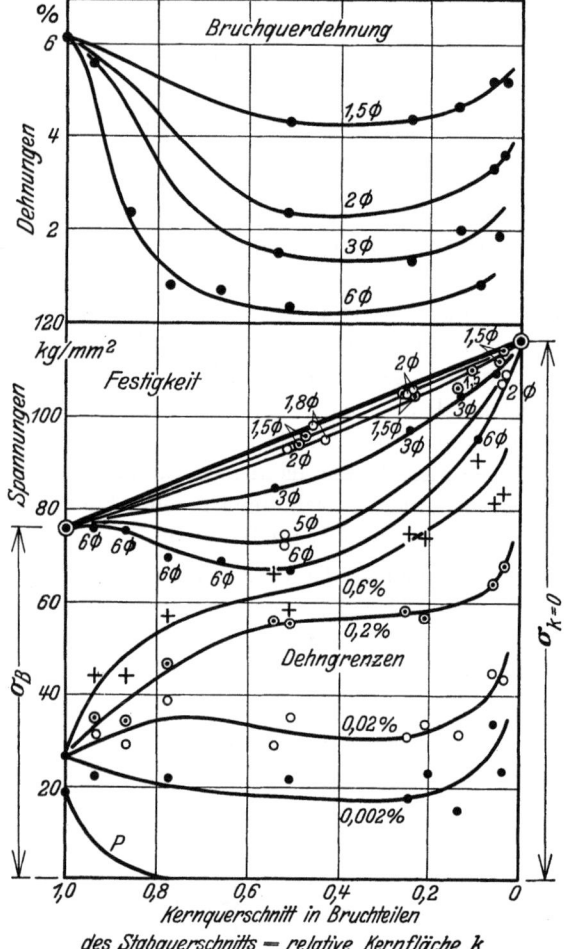

Abb. 8. Festigkeit und Dehnungen im Kernquerschnitt gekerbter Zugproben aus Stahl $R$ bei zunehmender Kerbtiefe und verschiedener Probengröße. Die Festigkeitswerte und Bruchquerdehnungen von Proben gleichen Kerndurchmessers sind durch Kurvenzüge miteinander verbunden.

Kernfläche $k$ auf den Festigkeitswert des Querschnitts 0 durchgeführt worden. Die Verbindungsgerade zwischen Zugfestigkeit und Spannung $\sigma_{k=0}$ hat also nicht nur für (statisch) kerbzähe, sondern auch für (statisch) kerbspröde Stoffe Bedeutung. Sie bildet neben einer gleichgearteten Extrapolation auf den Kerbwinkel null die allgemeine gesetzmäßige Grundlage für die versuchsmäßige Trennfestigkeitsermittlung. Die Abweichungen der Festigkeitswerte gekerbter Proben einheitlicher Form von dieser Geraden nach unten hin bilden einen Maßstab für die statische Kerbsprödigkeit des Werkstoffs*.

---

\* Mit späteren Untersuchungen (S. 20) stellt sich heraus, daß diese Gerade nur bei genügend großen Kerbwinkeln ungeminderte Festigkeitswerte enthält.

Nun ist die Frage von Interesse, bei welchen Eigenschaften die Werkstoffe keiner Festigkeitsminderung bei Einkerbungen unterliegen. Zur Beantwortung sind in Abb. 14a und b Proben verschiedenen Materials, aber gleicher Größe (Dmr. $d = 5$ mm) und gleicher relativer Kernfläche $k = 0,5$ miteinander verglichen. Es ist der prozentuale Unterschied zwischen dem errechneten Wert [Gleichung (4)], welcher auf der Verbindungsgeraden zwischen Zugfestigkeit und Trennfestigkeit liegt, und der experimentell gefundenen verminderten Festigkeit $\sigma'_{IIk}$, also der Betrag

$$\sigma''_{II} = \frac{\sigma_{k=0} - k(\sigma_{k=0} - \sigma_B) - \sigma'_{IIk}}{\sigma_{k=0} - k(\sigma_{k=0} - \sigma_B)} \cdot 100 \quad (5)$$

einmal in Beziehung zur Gleichmaßverformung $\psi_{II}$ (d. i. die Querschnittsverminderung bis zur Höchstlast) beim

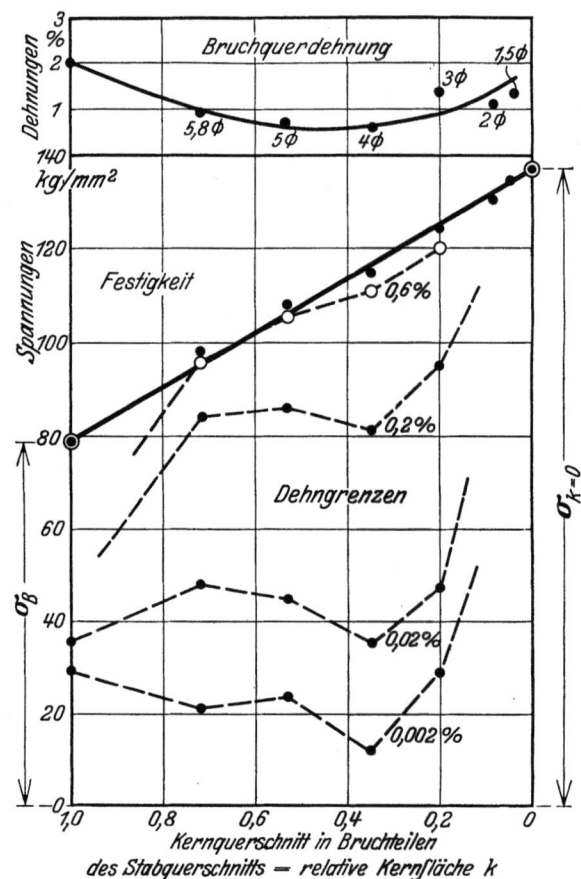

Abb. 9. Festigkeit und Dehnungen im Kernquerschnitt gekerbter Zugproben bei zunehmender Kerbtiefe und verschiedener Probengröße. Werkstoff: Stahl $R$, jedoch vor dem Einkerben bis zur Höchstlast gereckt.

üblichen Zugversuch, das andere Mal zur darauffolgenden Einschnürung bis zum Bruch

$$\psi' = 100 - \frac{f_{III}}{f_{II}} \cdot 100 = \frac{100(\psi_{III} - \psi_{II})}{100 - \psi_{II}}$$

gebracht worden ($\psi_{III}$ bedeutet die Gesamteinschnürung). Es geht daraus hervor, daß das Einschnürungsvermögen ausschlaggebender als eine große gleichmäßige Dehnung ist*. Damit wären die Werkstoffe hinsichtlich der Umgehung der statischen Kerbsprödigkeit nicht nach der

---

\* Aus der späteren Entwicklung (S. 40) geht hervor, daß bei sehr spröden Werkstoffen die Trennfestigkeit selbst nicht störungsfrei zu ermitteln ist. Die Festigkeitsminderung der Werkstoffe 8, 9 und 10 in Abb. 14 dürfte daher zu gering angegeben sein.

linearen Bruchdehnung auszuwählen, da diese vornehmlich die gleichmäßige Dehnung enthält [9, 10, 11, 7].

Es wurden nun weiterhin die Brucherscheinungen der gekerbten Proben beobachtet. Wie die Abb. 5 bis 7 sehen ließen, machten die Proben wie beim ungekerbten Zugstab zunächst eine Verfestigungsdehnung durch und erreichten bei zähen Stoffen ein Lastenmaximum (Abb. 7), welches durch den horizontalen Auslauf der Kurven gekennzeichnet ist. Dann begannen sie von außen her im Kernquerschnitt einzureißen (Abb. 15). Bei dehnfähigen Werkstoffen geht das Einreißen so allmählich vor sich, daß man an der Prüfmaschine die da-

geben können als der ungekerbte Zugstab. Je tiefer beispielsweise in Abb. 8 die Festigkeit unter der Verbindungsgeraden zwischen $\sigma_B$ und $\sigma_{k=0}$ liegt, desto früher ist nach Abb. 5 die Spannungs-Querdehnungskurve ab-

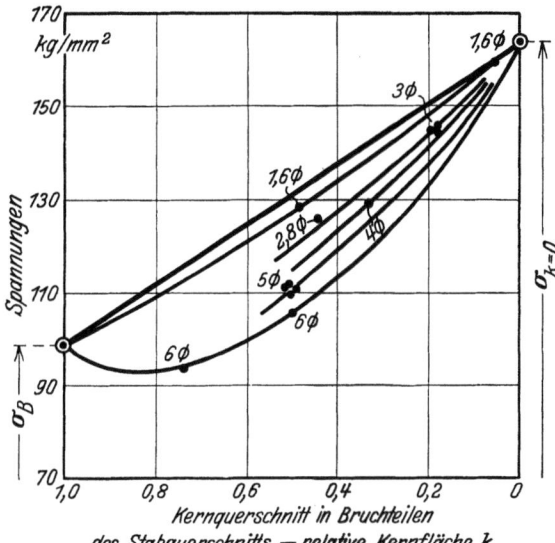

Abb. 11. Festigkeit im Kernquerschnitt gekerbter Zugproben aus Stahl $A$ (0,68% C, 0,54 Mn, 0,26 Si) bei zunehmender Kerbtiefe und verschiedener Probengröße. Der Werkstoff wurde bei 900° geglüht und an der Luft abgekühlt. Die Festigkeitswerte von Proben gleichen Kerndurchmessers sind durch Kurvenzüge miteinander verbunden.

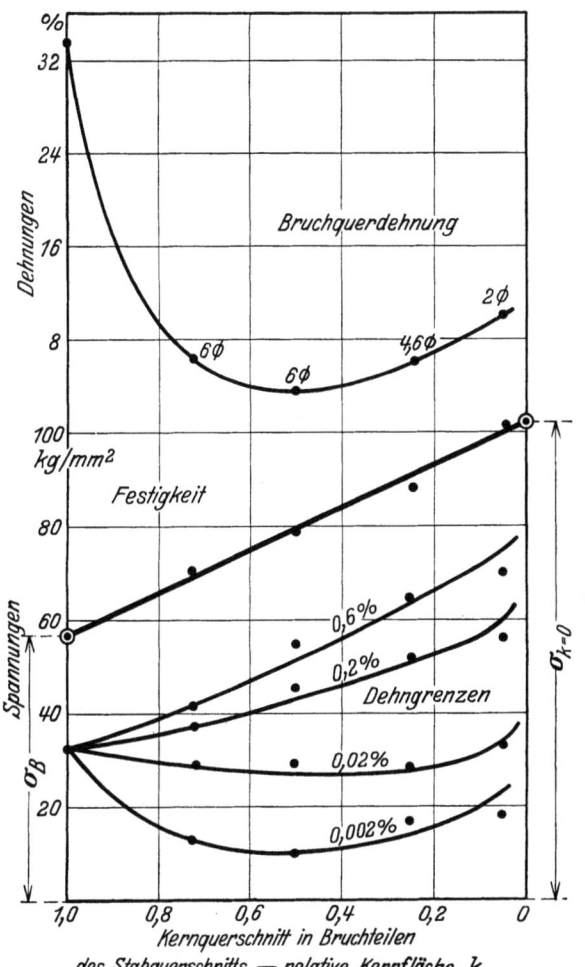

Abb. 10. Festigkeit und Dehnungen im Kernquerschnitt gekerbter Zugproben aus Stahl $M$ bei zunehmender Kerbtiefe und verschiedener Probengröße.

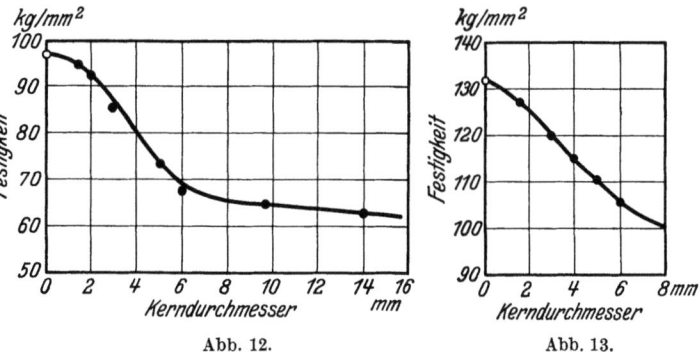

Abb. 12 u. 13. Festigkeitsabnahme gekerbter Zugproben gleicher relativer Kernfläche ($k = 0,5$) bei zunehmender Probengröße. Links: Werkstoff $R$ (vgl. Abb. 8), rechts: Werkstoff $A$, 900° geglüht (vgl. Abb. 11).

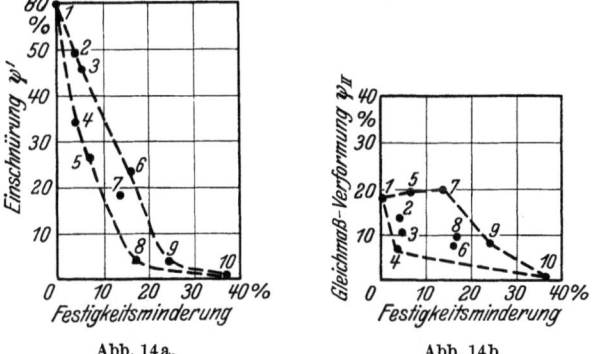

Festigkeitsminderung gekerbter Zugproben gleicher Größe (Durchmesser $d$ = 5 mm) und relativer Kernfläche ($k = 0,5$) in Abhängigkeit von der auf den Höchstlastquerschnitt bezogenen Brucheinschnürung $\psi'$ bzw. der Querschnittsverminderung $\psi_{II}$ bis zur Höchstlast.

1 = Si-Stahl; 2 = Stahl $M$; 3 = Stahl $A$; 4 = Silberstahl; 5 = Lautal; 6 = Stahl $A$, 900° geglüht; 7 = β-Messing; 8 = Tiegelgußstahl, 0,6% C; 9 = Stahl $R$; 10 = Gußeisen.

durch verminderte Traglast (nicht aber wegen Unkenntnis des effektiven Querschnitts die effektive Spannung) stufenweise feststellen kann. Bei Stoffen mit geringer Dehnfähigkeit gibt jedoch das Übersetzungsverhältnis der Prüfmaschine meist nicht den notwendigen Weg zur Entlastung her, die Probe reißt dann sofort ganz ab. Der Bruchvorgang ist jedoch bei allen Dehnungsgraden dem Wesen nach der gleiche.

Nun gibt es Stoffe, bei denen das Einreißen schon beginnt, während die Traglast der Probe im Ansteigen begriffen ist (kein horizontaler Auslauf der Kurven). Diese Stoffe erreichen naturgemäß wegen des beim Einreißen verringerten Querschnittes ihre eigentliche Höchstlast nicht. Dies sind kerbspröde Stoffe, die trotz des räumlichen Spannungszustandes eine geringere Festigkeit er-

gebrochen, ohne in den horizontalen Verlauf überzugehen und damit die eigentliche Höchstgrenze zu erreichen.

Im Gegensatz hierzu liegen die Festigkeitswerte bei Werkstoffen, bei denen das Einreißen erst mit der Höchstlast oder später beginnt, auf der Verbindungsgeraden zwischen Zugfestigkeit $\sigma_B$ und Spannung $\sigma_{k=0}$ (vgl. Abb. 10 mit 7 und 9 mit 6).

In Übereinstimmung mit diesen Beobachtungen steht der Verlauf des gesamten Querdehnungsvermögens bis zum Brucheintritt der einzelnen Proben in Abb. 8. Dem verfrühten Einreißen, also zu geringen Festigkeitswerten, entspricht eine eingeschränkte Bruchquerdehnung. Sie fällt demnach bei mitteltiefen Einkerbungen am geringsten aus und ist bei großen Proben kleiner als bei kleinen. Für den Stahl $R$ sind in Abb. 8 verschiedene Kurven für gleichbleibenden Kerndurchmesser bei abnehmender Kerbtiefe eingezeichnet, aus denen sich die Einzelwirkungen von Kerndurchmesser und Kerbtiefe auseinanderhalten lassen. Auch bei den Werkstoffen mit unverminderter Festigkeit, Stahl $M$ (Abb. 10) und gerecktem Stahl $R$ (Abb. 9), tritt die gleichgerichtete Wirkung ein.

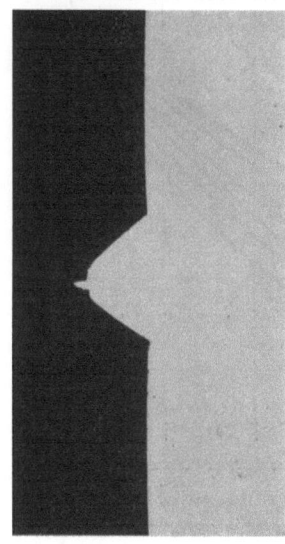

Abb. 15. Anriß einer gekerbten Probe aus Stahl $M$ nach Erreichen der Höchstlastbedingung. Vergrößerung 16mal. Beispiel konstruktiver Inhomogenität. Eine Festigkeitsminderung trat bei diesem Werkstoff nicht auf, da das Einreißen erst nach Überschreiten des Lastenmaximums der Kerbzugprobe begann. Kein plötzlicher Durchbruch, großes Einschnürvermögen!

### b) Kritik der Ergebnisse.

Die gefundenen plastischen Erscheinungen sind nicht ohne weiteres in ihren Ursachen und Wirkungen geklärt, und es fällt schwer, sie in die herkömmlichen technologischen Gesetze einzuordnen. Man verwickelt sich allzu leicht in Widersprüche, wenn man die experimentellen Ergebnisse nur auf einfache bekannte Grundursachen zurückzuführen sucht. Es gehören schon neue Annahmen dazu, die Erscheinungen zu einem geschlossenen Bild zusammenzufügen. Es soll im folgenden der Versuch einer ursächlichen Erklärung gemacht werden.

#### Fließbeginn.

Was den erheblich gestörten Fließbeginn bei Einkerbungen betrifft, so sollte man erwarten, daß unter Berücksichtigung des räumlichen Spannungszustandes auch die Elastizitätsgrenze ansteigen müßte. Sie sinkt aber (auch bei Stoffen sehr hoher, am Zugstab gemessener $E$-Grenze) herab. Diese Tatsache braucht nicht allein auf die Wirkung der Spannungsspitzen im Kerbgrund zurückgeführt werden. Zur Erklärung der so verfrüht einsetzenden Plastizität kann eine weitere Ursache berücksichtigt werden, nämlich die, daß an der freien Außenperipherie des Kernquerschnitts, also im Kerbgrund, seitliche Kräfte nicht übertragen werden können, so daß hier geringere axiale Zugkräfte erforderlich sind als im Innern des Querschnitts, um die jeweilige kritische Schubspannung beim Fließbeginn zu überwinden. Erhöhte Anspannung und geringerer räumlicher Widerstand bewirken dann gemeinsam die starke Erniedrigung der Fließgrenze im Kerbgrund. Die Auswirkung dieser Annahme kommt in der rein elastischen Gesetzmäßigkeit (S. 9) nicht zum Ausdruck, weil ein geringerer Widerstand der Außenfaser wie eine tiefere Einkerbung wirkt und innen einen um so höheren räumlichen Widerstand erzeugt. Ist der Kerbgrund nicht abgerundet, sondern vollkommen scharfwinklig, so bleibt der räumliche Widerstand an der Außenfaser ungemindert. Inwieweit dieser Einfluß neben den Spannungsspitzen bei der vorliegenden Probenform (Abb. 45) zur Geltung kommt, ist vorläufig nicht zu überblicken (vgl. auch S. 57).

Die Elastizitätsgrenze kann aber bedeutend gehoben werden, indem man die gekerbte Probe bis ins plastische Gebiet reckt (Abb. 2), und zwar verhält sie sich dann auch nicht nachteiliger als der ungekerbte Zugstab, indem die $E$-Grenze bis auf etwa 75% der vorangegangenen Belastung ansteigt[12, 13]. Die Ursache dieses Verhaltens ist weniger in einem Spannungsausgleich zu suchen als vornehmlich darin, daß den Spannungsspitzen im Kerbgrund eine vorangeeilte Verformung mit größerer Verfestigung entgegentritt. Wird aber das Kaltrecken vor dem Einkerben vorgenommen, so liegt folgerichtig die $E$-Grenze wieder tief (Abb. 3 und 9).

#### Festigkeit.

Ist das örtliche Vorauseilen des Formänderungsablaufs im Kerbengrund infolge der Spannungsspitzen und des geringeren axial gerichteten Widerstandes der Außenschicht so intensiv, daß der Anriß außen beginnt, bevor die Innenschichten die eigentliche Höchstlastgrenze erreicht haben, so liegen die gemessenen mittleren Festigkeitswerte unterhalb der geraden Verbindungslinie zwischen Zugfestigkeit und Spannung $\sigma_{k=0}$ auf einer nach oben geöffneten Kurve. Diese Festigkeitsminderung ist natürlich nur statistisch, also technisch vorhanden, indem die Festigkeit auf einen zu großen Querschnitt bezogen wird. Die einzelnen Fasern der Innenzone erreichen beim Weiterreißen ebenfalls ihre Festigkeit (Griffithscher Mechanismus), aber diese effektive Festigkeit ist nicht meßbar, weil der effektive Querschnitt nicht meßbar ist und das Weiterreißen so schnell vor sich geht, daß es meist nicht beobachtbar ist. Die technisch verminderte Festigkeit hat also ihre Ursache darin, daß die Bindungen der Materialteile nicht gleichzeitig, sondern hintereinander gelöst werden[14]. Solche Unterschiede technischer Festigkeit beeinflussen daher das strukturelle Bruchbild nicht (Abb. 16a und b).

Ohne weiteres einleuchtend ist, daß Werkstoffe mit geringem Einschnürvermögen (welches sich erst nach der Höchstlastgrenze auswirkt) diesen vorzeitigen Anriß an der Außenschicht begünstigen, indem die Außenfaser nach Erreichen ihrer Höchstlastgrenze nicht genügend weiteres Verformungsvermögen besitzt, um auch der Innenfaser die gleichförmige Verformung und das Erreichen der Höchstlastgrenze zu ermöglichen. Daß ein großes Einschnürvermögen selbst bei großen Proben vor einem vorzeitigen Anriß schützt, ging schon aus Abb. 10 hervor. Diese Lesung würde folgerichtig zur Vermeidung eines (vorzeitigen) spröden Bruches ein um so größeres Einschnürungsvermögen verlangen, je größer die gleichmäßige Dehnung ist. Oder bei geringer Einschnürung wäre eine große gleichmäßige Dehnung eine Gefahr. Eine treffende Bestätigung dieser Annahme bildet die Abb. 9: Dem Werkstoff R, der im normalisierten Zustand erhebliche Festigkeitsminderung (nach Abb. 8) aufwies, wurde die gleichmäßige Dehnung durch Kaltrecken weggenommen und darauf wurde er gekerbt. Jetzt lagen seine durchgehend gehobenen Festigkeitswerte in der geraden Linie, wie bei einem sehr plastischen Werkstoff. Jedoch gibt diese Erkenntnis vorläufig noch keine quantitativ genaue Handhabe, um etwa mit dem Quotienten Einschnürung/Gleichmaßdehnung den Grad der Kerbsprödigkeit zahlenmäßig sicher voraussagen zu können (vgl. Abb. 71).

Abgesehen von der stofflich begründeten Neigung zur Kerbsprödigkeit hat das unterschiedliche Verhalten verschieden großer Proben eine mechanische Ursache. Die Außenschicht wirkt nur bei großen Proben durch ihre

bei den Flüssigkeiten längst durchforscht (Beispiel: Kapillarität*), während ihre Aufklärung bei festen Körpern noch nicht in Angriff genommen worden ist. Dies Beispiel mechanischer Unähnlichkeit in der Härtefrage ebenso wie im Falle der Kapillarität besagt, daß die Wirkungstiefe der äußeren Schichten nicht proportional den Größenabmessungen ist, sondern der Struktur des Stoffes eigentümlich ist.

Ähnliche mechanische Erwägungen sind für die Erklärung der Tatsache anzustellen, daß bei tiefgekerbten Proben der Festigkeitsabfall (von der Verbindungsgeraden aus gemessen) geringer ist als bei mitteltiefen Einkerbungen. Bei mittleren Kerbtiefen hat der (auf den Gesamtquerschnitt bezogene) verhältnismäßig große Kernquerschnitt nur wenig Kraftlinien aus dem überstehenden Material zu übernehmen. Es entsteht dann in

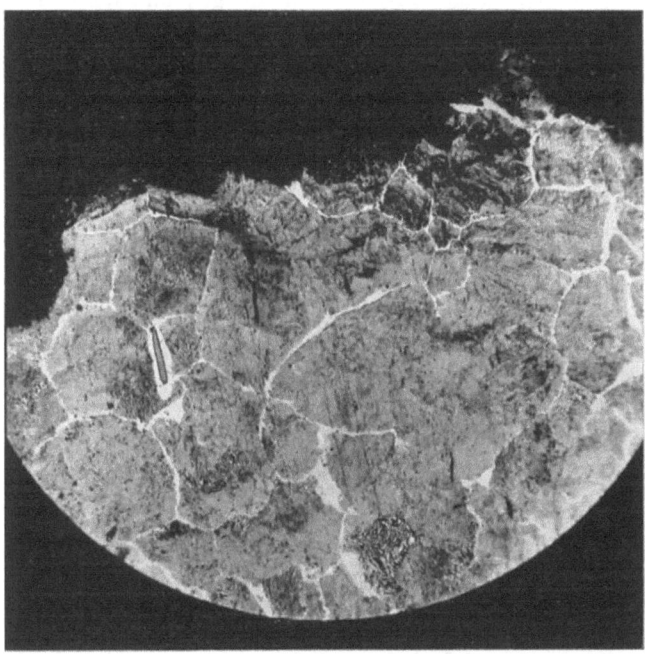

Abb. 16a.　　　$v = 80$　　　　　　　　　　　　Abb. 16b.　　　$v = 80$

Schnitt senkrecht zum Bruchquerschnitt einer nicht vorgereckten Kerbzugprobe (links) und einer bis zur Höchstlast (9%) vorgereckten (rechts) aus Stahl R. Bei beiden Proben verläuft der Bruch zum Teil durch das Korn, zum Teil an den Korngrenzen entlang.

der Kernschicht voraneilende Verformung festigkeitsmindernd. Ist die Probe hingegen sehr klein, so reicht die Wirkung der Außenschicht bis zur Probenachse, so daß die Beanspruchung im Querschnitt ausgeglichener ist. Man ist für diese Erklärung gezwungen, die Dicke der wirksamen Außenschicht nicht proportional der Probengröße anzunehmen, sondern muß ihr auch eine (absolute) strukturelle Abhängigkeit einräumen[15].

Eine ähnliche Erfahrung ist schon auf einem anderen Festigkeitsgebiet gemacht worden. Auerbach fand bei der weiteren praktischen Ausgestaltung der von Hertz entwickelten elastischen Härtetheorie, daß ähnliche, aber verschieden große Versuchskörper verschiedene Härtewerte ergaben. A. Föppl[3] führt diese mechanische Unähnlichkeit darauf zurück, daß die äußeren Schichten sich zu den Gesetzen der Elastizitätstheorie anders verhalten als die im Innern gelegenen Teile. Nach seinen Darlegungen ist diese an den Übergangsschichten von einem Medium zu einem anderen auftretende Wirkung

der Nähe des Kerbgrundes eine Verdichtung des Kraftlinienfeldes. Die Spannungsverteilung ist dann ungleichmäßig und die Festigkeit vermindert sich. Bei tiefen Einkerbungen sind aus dem umfangreichen überstehenden Material sehr viele Kraftlinien von einem verhältnismäßig kleinen Kernquerschnitt zu übernehmen, die dann nicht nur im Kerbgrund eine Verdichtung hervorrufen, sondern sich notwendigerweise über den ganzen Kernquerschnitt verteilen müssen. Das entspricht einem Ausgleich der Spannungsverteilung und einer größeren Festigkeit. Man kann sich schließlich vorstellen, daß im Grenzfall tiefster Einkerbung, bei welcher sich Kernquerschnitt zum Gesamtquerschnitt wie $1 : \infty$ verhalten, unendlich viele Kraftlinien vom Querschnitt 1 aufzunehmen wären,

---

* Dieses Beispiel ist auch für die hier beschriebenen Vorgänge sehr bildlich, wenn man die Steighöhe der Flüssigkeit und ihre Oberflächengestaltung in engen und weiten Röhren mit den Anspannungen im Querschnitt gekerbter Proben vergleicht.

was einem vollkommenen Spannungsausgleich entsprechen würde*. Bei kleinsten Kerbtiefen müssen sich wiederum die Verhältnisse dem ungekerbten Zugstab nähern, also auch wieder ein fast vollkommener Spannungsausgleich vorhanden sein. Eine unterschiedliche Spannungsverteilung ist also dann nicht vorhanden, wenn der Kernquerschnitt verhältnismäßig sehr wenige Kraftlinien (geringste Kerbtiefe) oder unendlich viele (tiefste Einkerbung) vom überstehenden Material zu übernehmen hat. Die Gefahr liegt bei mittleren Kerbtiefen!

### Bruchdehnung.

Tritt der Bruch an der Außenzone des Kernquerschnitts so verfrüht ein, daß die Erreichung der Höchstlastgrenze der Gesamtprobe wesentlich behindert wird, so ist auch eine dementsprechende Einschränkung der gemessenen Gesamtquerdehnung vorhanden. So erklärt es sich, daß nach Abb. 8 für die Bruchdehnung dasselbe gilt wie für die Festigkeit: bei großen Proben und mittleren Kerbtiefen die größte Abnahme. Das trifft besonders für die Werkstoffe zu, die kein geradliniges Festigkeitsgesetz aufweisen. Aber auch dann, wenn die Höchstlast bei allen Kerbtiefen erreicht wird (geradliniges Festigkeitsgesetz), ergeben sich nach Abb. 9 und 10 gleiche Erscheinungen, die gleichfalls aus der im Kerbgrund voraneilenden Verformung zu erklären sind.

Nun sollte noch eine weitere im gleichen Sinne wirkende Ursache Beachtung finden, deren Wirkung sich mit der ersten überdeckt: Während die zuerst beschriebene, nur bei kerbspröden Stoffen auftretende Wirkung (Abb. 8) sich aus der stofflichen Eigenart herleiten läßt, kann die zweite, allen Werkstoffen eigene Wirkung aus dem plastischen Verformungsmechanismus erklärt werden. Wir kennen ja, wie schon hervorgehoben wurde, am ungekerbten Zugstab die gleichmäßig verteilte Dehnung und die lokale Einschnürdehnung[11]. Erstere ist ursächlich bedingt durch überall verteilt liegende widerstandsschwächere Kristalle, letztere durch einen schwächsten Querschnitt des Stabes. Erstere wirkt sich dispers aus, letztere örtlich, in verhältnismäßig wenigen und großen, in wechselnder symmetrischer Anordnung zur Stabachse auftretenden (banalen) Gleitflächen. Die banalen Gleitflächen sind aus Gründen der Energieersparnis bestrebt, eben zu bleiben. In ihnen tritt nach starkem Gleiten eine Trennfestigkeitsminderung (Zerrüttung)[4, 11, 16] ein, die schließlich einen Trennungsbruch verursacht und die Größe der Bruchdehnung bedingt. Für ein bestimmtes Maß der Zerrüttung nehmen wir jetzt eine zugehörige Weglänge banaler Gleitung an. Dann entspricht diesem absoluten Maß bei großen Proben eine geringere prozentuale Gleitung (Dehnung) als bei kleinen. So ließe sich zwanglos die unterschiedliche Bruchdehnung bei großen und kleinen Proben erklären. Das stimmt jedoch nur, wenn die Verformung bei Einkerbungen nur in einer begrenzten Anzahl von Gleitflächen vor sich geht, denn unter einer Anzahl paralleler Gleitebenen gibt es bei der gekerbten Probe strenggenommen nur eine von geringstem Flächeninhalt. Das ist nicht bei der ungekerbten der Fall. Kann sich bei dieser in ungehinderter Weise

---
\* Nicht zu verwechseln ist diese Erscheinung mit der Lappenwirkung nach Thum[69].

das Nachbarvolumen an der Bildung paralleler und gleichberechtigter Gleitebenen beteiligen, so ist die gleiche prozentuale Dehnung bei großen wie bei kleinen Proben gewährleistet, ohne daß das Maß der absoluten Gleitung in jeder einzelnen Gleitfläche verändert wird. Voraussetzung hierfür ist, daß die Zahl der Gleitflächen proportional den linearen Abmessungen ist, eine Bedingung, die durchaus glaubhaft erscheint*.

Weiterhin entspricht einer bestimmten absoluten Gleitung eine desto größere prozentuale Querdehnung, je größer der Wirkungswinkel der Gleitfläche zur Stabachse wird. Beim ungekerbten Zugstab beträgt dieser Winkel etwa 50°, während er bei der vorliegenden Form gekerbter Proben mit der Einkerbungstiefe erheblich zugenommen hat. Damit erklärt sich dann auch die Zunahme der stets senkrecht zur Stabachse gemessenen Bruchdehnung bei tiefster Einkerbung.

Aus den angeführten Erscheinungen und deren Begründungen ist ersichtlich, daß die experimentelle, plastische Bruchdehnung bei gekerbten Proben nicht mit gleichem Maße zu messen ist wie beim ungekerbten Probestab. Betrachtet man die Gleitung in Richtung der wirksamen Gleitfläche als den eigentlichen Maßstab zur Kennzeichnung der Verformungsfähigkeit, so bemerkt man, daß für kleine und tiefgekerbte Proben die prozentuale Bruchdehnung erheblich zu große Werte ergibt.

Ferner ist die plastische Verformung nicht der mechanischen Ähnlichkeit unterworfen, sobald die Zahl der Gleitflächen künstlich eingeschränkt ist. Das Kicksche Ähnlichkeitsgesetz bezieht sich ja auch nur auf ein möglichst frei verformbares Volumen.

### Trennfestigkeit.

Jede Probe, auch die ungekerbte und verformungsfähige zerreißt nach Überschreitung der Höchstlast schließlich unter Überwindung des Trennwiderstandes, aber eines solchen, welcher um so mehr vom Ursprungswert abgewichen ist, je größer während der Beanspruchung die plastische Verformung war. Je mehr im räumlichen Spannungszustand die Höchstlast ansteigt und sich dem davon unberührten Trennwiderstand nähert, desto näher rückt bei gleichzeitiger Behinderung der Verformung der Trennwiderstand an seinen Ursprungswert die Trennfestigkeit heran. Es ist also das theoretische und praktische Bestreben, die plastische Verformung gänzlich zu unterbinden und die Trennfestigkeit im Ursprungszustand methodisch als Höchstlast zu messen. Daß dies an sich möglich ist, dafür zeugt der bei den elastischen Messungen ermittelte polarsymmetrische Spannungszustand im Grenzfall tiefster Einkerbung und des Kerbwinkels 0°, welcher Schubkräfte nicht duldet (S. 9).

Die Höchstlast ist deshalb für die Extrapolation auf den Grenzwert „Trennfestigkeit" besonders geeignet, weil ihr geometrischer Ort für verschiedene Kerbtiefen (als Bruchteil des Kernquerschnitts vom Ganzquerschnitt ausgedrückt) bei gleichem Kerbwinkel und für verschiedene

---
\* Die Erscheinung ließ sich deutlich bei Verdrehungsversuchen mit gekerbten Proben nachweisen, bei welchen sich im Zerrüttungsgebiet (bei abfallendem Moment) die Proben mit kleinem Kernquerschnitt weiter verdrehen ließen als diejenigen mit größerem, bevor der Bruch eintrat.

Kerbwinkel bei gleicher Kerbtiefe grundsätzlich die gerade Linie ist (S. 21). Bei kerbspröden Werkstoffen ist die Höchstlast wegen vorzeitigen örtlichen Anbruchs im Kerbengrund nicht ermittelbar. Diese Störung tritt nicht auf bei sehr kleinen Proben, sehr tiefen Einkerbungen und großen Kerbwinkeln, wodurch sich die Gerade annähernd rekonstruieren läßt (S. 39).

Damit wäre der Ermittlungsgang der Trennfestigkeit geklärt, wenn das Experiment nicht mit einigen, größere Verformungen als erwünscht vortäuschenden Störungen belastet wäre. Daß die nach dem Bruch gemessene prozentuale Querdehnung besonders bei kleinen Proben und bei tieferen Einkerbungen zu hohe Zahlenwerte ergibt und keinen Maßstab für das Gleiten abgibt, wurde im vorigen Absatz erörtert. Die Größe dieser gemessenen Querdehnungen bilden daher keinen Widerspruch für diejenige Voraussetzung der Trennfestigkeitsermittlung, die eine Abnahme der Verformung mit der Tiefe der Einkerbung und der Verringerung des Kerbwinkels bis auf den Wert null fordert. Es deuten aber auch die bei tiefen Einkerbungen noch sehr tief liegenden Dehnungsgrenzen auf zu große Verformungen hin. Dieselben dürfen nicht überschätzt werden, sie treten — abgesehen von etwaigen gleichen meßtechnischen Einwirkungen wie bei der Bruchquerdehnung — wegen der ungleichmäßigen Beanspruchung des Querschnitts auf und sind dadurch vermehrt, daß praktisch der Kerbwinkel nicht spitzer gehalten werden kann als 60°. Diese Störungen wirken aber nur in empfindlicher Weise auf die niederen Dehnungsgrenzen ein, weil hier das Zugdiagramm noch steil verläuft und geringe Dehnungsunterschiede großen Spannungsunterschieden entsprechen. Die Höchstlast, die ja zur Extrapolation auf die Trennfestigkeit verwertet wird, zeigt sich diesen Verformungen gegenüber unempfindlich. Dies Verhalten der Höchstlast liegt in ihrer eigenen Bedingung begründet, nämlich, daß das Zugdiagramm horizontal verläuft und daher innerhalb eines gewissen Verformungsbereichs die Festigkeit nahezu unveränderlich bleibt.

### c) Zusammenfassende Bewertung der Ergebnisse.

Die experimentelle Untersuchung der Kerb- oder Gestaltsfrage an einem schematischen Probensystem und nicht an einzelnen herausgegriffenen technischen Kerbformen hat für die Erkenntnis den Vorteil, daß ein besserer Überblick des Zusammenhangs der Erscheinungen gewahrt bleibt. Das vorliegende Probensystem umfaßt den gesamten Bereich zwischen dem linearen und dem polarsymmetrischen Spannungszustand.

Im linearen Spannungszustand wird die höchstgetragene Last durch die übliche Zugfestigkeit bestimmt, im polarsymmetrischen durch die Trennfestigkeit. Die Festigkeitswerte bei Zwischenzuständen liegen auf Kurven, die beiderseits in die genannten Grenzwerte einmünden. Bei zähen Werkstoffen gehen diese Kurven in eine von der Zugfestigkeit zur Trennfestigkeit ansteigende Gerade über. Bei statisch kerbspröden Werkstoffen wirkt sich die Spannungsinhomogenität unter bestimmten stofflichen Bedingungen zu einer Festigkeitsminderung aus (nach unten gebogene Verbindungskurve), die bei mittlerer Kerbtiefe am wirksamsten ist und große Proben stärker anfällt als kleine.

Eine Festigkeitsminderung tritt dann ein, wenn an der stärker beanspruchten Außenzone (Kerbgrund) die Verformungsfähigkeit (Einschnürvermögen) nach Überschreiten der Höchstlastbedingung nicht ausreicht, um auch der inneren Materialzone bis zum Eintritt des äußeren Anrisses die Möglichkeit der Erfüllung der Höchstlastbedingung und der damit verbundenen gleichmäßigen Verformung zu gewährleisten. Ein großes Einschnürvermögen ist folglich stets ein Vorteil für die Bruchsicherheit, hingegen kann eine große gleichmäßige Dehnung oder konventionelle lineare Bruchdehnung Kerbgefahr hervorrufen, wenn sie im Vergleich zur Einschnürdehnung zu groß ist. Da die Einschnürfähigkeit aber bedingt ist durch das Maß der Kohäsionszerrüttung infolge der Verformung, so ist der spröde Bruch eine Folge voraneilender Zerrüttung der Außenzone. Daher bedarf die These der unmittelbaren Überwindung der Kohäsion durch die Spannungsspitzen beim (statisch) spröden Bruch plastischer Körper einer Korrektur: Im Kerbengrund wird auch beim spröden Bruch die Höchstlastbedingung überschritten. Aus der Gefahr der Spannungsunterschiede wird vornehmlich eine solche der Verformungsunterschiede und damit eine solche örtlicher Kohäsionszerrüttung. Der Zerrüttungsmechanismus der Trennfestigkeit und das Verhältnis von Zerrüttungsverformung zur Verfestigungsverformung bilden einen notwendigen Ergänzungsbestandteil zur Klärung der Bruchfrage bei inhomogenen Spannungszuständen.

Auch der Fließbeginn liegt infolge ungleichmäßiger Spannungsverteilung bei mittleren Kerbtiefen am tiefsten.

Sieht man von der Spannungsinhomogenität als Begleiterscheinung jeder Einkerbung ab, so ist das Kennzeichen des rein räumlichen Einflusses auf die Festigkeit im vorliegenden Probensystem die gerade Verbindungslinie zwischen Zugfestigkeit und Trennfestigkeit.

Eine wichtige Erscheinung innerhalb des inhomogenen Spannungszustandes ist die mechanische Ungleichheit der Festigkeit und Verformung bei gestaltsähnlichen Körpern verschiedener Größe. Diejenige der Festigkeit, die nur bei kerbspröden Werkstoffen wirksam wird, ist auf einen absoluten Anteil der sich unterschiedlich verhaltenden Außenschicht zurückzuführen, diejenige der Verformung — abgesehen von der gleichen Inhomogenitätswirkung wie bei der Festigkeit — auf ein von der Körpergröße unabhängiges kritisches Maß banaler Gleitung bis zum Bruch, das bei künstlicher Einschränkung der Gleitebenenzahl bei Einkerbungen im unproportionalen Sinn wirksam wird. Das Kicksche Ähnlichkeitsgesetz beruht dann auf der Voraussetzung, daß die Zahl der Gleitflächen proportional den linearen Abmessungen ist.

Den Kern der vorliegenden Untersuchung bildet die Gesetzmäßigkeit der Festigkeit (Höchstlastgrenze) in der verwendeten Probenreihe. Damit ist neben der früher erworbenen Kenntnis der räumlichen Spannungen unter den gleichen Bedingungen eine weitere Grundlage geschaffen, um das Verhalten der Stoffe im Zustand räumlich angreifender Zugspannungen methodisch nachprüfen zu können.

## 3. Einfluß der Spannungsinhomogenität auf die Festigkeit.

Die Untersuchung der plastischen Vorgänge bei Kerbzugproben ergab in der Erfüllung der Höchstlastbedingung ein Kriterium dafür, daß eine ungleichmäßige Spannungsverteilung keine Festigkeitsminderung im gefährlichen Querschnitt hervorruft. Da in ungleichmäßig geformten Körpern mit der räumlichen Anspannung der Kräfte stets eine ungleichmäßige Verteilung der Spannungen einhergeht, so gewinnt damit das Gesetz der mathematischen Höchstlastbedingung eine besondere mechanische und stoffliche Bedeutung. Es sei daher auf dies Gesetz näher eingegangen.

### a) Höchstlastbedingung als Kriterium.

Die Erfüllung der Höchstlastbedingung im Zugstab ist daran gebunden, daß die Last

$$\sigma \cdot 1 = s \cdot f$$

ein Maximum durchläuft ($f$ = jeweiliger Querschnitt, $s$ = jeweilige „wahre" Spannung, Ausgangsquerschnitt = 1). Daraus folgt:

$$\frac{ds}{s} = -\frac{df}{f},$$

d. h. die Höchstlast ist dann erreicht, wenn die auf die jeweilige Spannung bezogene Spannungszunahme $ds/s$ gleich der auf den jeweiligen Querschnitt $f$ bezogenen Querschnittsabnahme $-\frac{df}{f}$ ist. Diese mathematische Schreibweise enthält aber zugleich die physikalische Deutung des Problems: Vor Erreichen des Lastenmaximums ist die Spannungszunahme größer als die Querschnittsabnahme, das bedeutet Verfestigung des Werkstoffes, nach Überschreiten des Maximums nimmt die Querschnittsabnahme überhand, was einer Entfestigung gleichkommt, die im Rahmen der Kohäsionsforschung als „Zerrüttung" bezeichnet wird.

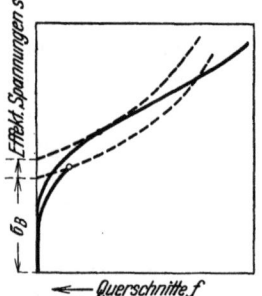

Abb. 17. Schematische Darstellung zur Kontrolle der Erfüllung der Höchstlastbedingung beim Zugversuch.

——— = Kurve der effektiven Spannungen,
- - - - = $s \cdot f$ = konst = $\sigma_B$,
● = Zugfestigkeit bei Erfüllung der Höchstlastbedingung,
○ = Zugfestigkeit ohne Erfüllung der Höchstlastbedingung.

Das mathematische Höchstlastproblem ist von einer Reihe von Forschern behandelt worden [17 bis 25]. Unter ihnen hat v. Moellendorff die in wissenschaftlicher Hinsicht sehr zweckmäßige Bezugnahme der „wahren" Spannung zur Querschnittsveränderung im Zugdiagramm eingeführt, die hier praktisch verwertet werden soll.

Es läßt sich nun ohne weiteres feststellen, ob mit einer an der Prüfmaschine ermittelten Zugfestigkeit $\sigma_B$ die Höchstlastbedingung erfüllt worden ist: Die Hyperbel $s \cdot f$ = const = $\sigma_B$ erfüllt in jedem Punkt die Differentialgleichung der Höchstlastbedingung $\frac{ds}{s} = -\frac{df}{f}$ (Abb. 17). Die $s$—$f$-Zugkurve wird daher von dieser Hyperbel tangiert oder geschnitten, je nachdem, ob die Höchstlastbedingung erfüllt ist oder nicht. Der praktische Eintritt dieser beiden Fälle läßt sich an Hand des Lastdiagramms nach Abb. 18 näher erläutern. Ist bei ungleichmäßiger Spannungsverteilung im Querschnitt etwa nach Abb. 19 unter dem Einfluß der Spannungsspitze (in der Kerbe) der Zerreißpunkt $III$ im Lastdiagramm schon erreicht, während an der am geringsten beanspruchten Stelle (Querschnittsmitte des Kerns) die Beanspruchung vielleicht erst bis $I'$ gelangt ist, dann hat der Gesamtquerschnitt die wahre Höchstlast noch nicht erreicht. Entspricht aber unter günstigeren Verformungsverhältnissen des Werkstoffes die voraneilende Beanspruchung der

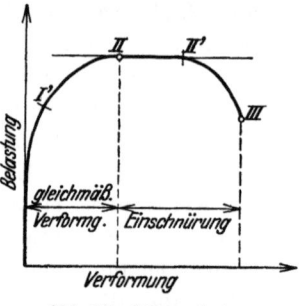 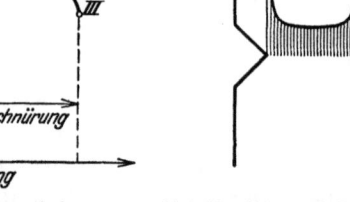

Abb. 18. Schematisches Zugdiagramm.

Abb. 19. Schematisches Bild der ungleichmäßigen Spannungsverteilung im Kernquerschnitt einer Kerbzugprobe.

Stelle $II'$ im Diagramm, während die Querschnittsmitte gerade den Höchstlastpunkt $II$ im Diagramm erreicht hat, so hat der gesamte Querschnitt an der Erfüllung der Höchstbedingung teilgenommen und die Festigkeit ist ungemindert geblieben, weil $II'$ mit genügender Annäherung auf der horizontalen Tangente im Höchstlastpunkt liegt. Welcher von den möglichen Fällen eintritt, hängt von den Verformungseigenschaften der Werkstoffe ab, insbesondere vom Verhältnis der gleichmäßigen Verformung zur Einschnürung.

Mit der in Abb. 17 angegebenen Methode soll im folgenden an Kerbzugversuchen mit verschiedenen Werkstoffen nachgeprüft werden, ob die Festigkeitswerte Störungen unterworfen sind. Und zwar soll der Abhängigkeit der Störungen vom Kerbwinkel nachgegangen werden. Bei veränderlicher Kerbtiefe wurden sie schon untersucht (S. 12). Als Probenform wurde im Anschluß an die früheren Versuche ein zylindrischer Stab vom Durchmesser $D = 10$ mm mit eingedrehter Spitzkerbe verwendet, dessen Winkel veränderlich gestaltet wurde. Der Kerndurchmesser $d$ betrug 3 mm, die Kerbtiefe wird ausgedrückt durch die relative Kernfläche $k = \frac{d^2 \pi/4}{D^2 \pi/4}$ und betrug 0,09. Die Fertigung und Ausmessung der Proben, sowie deren Prüfung geschah nach besonders ausgearbeiteten Richtlinien (S. 32). Die Messung der Veränderungen des Kernquerschnitts während der Belastungen wurde mittels eines Fernrohres mit Okularmikrometer bei einer Ablesegenauigkeit von $1/118$ mm durchgeführt. Bei einem Meßfehler von 2 Ableseeinheiten würde die prozentuale Flächendehnung des Kerns schon um 1% Dehnung abweichen, woraus sich die Streuungen der Meßpunkte bei geringen Dehnungen erklären.

### b) Experimentelle Beispiele.

In Abb. 20 bis 24 sind die Zugkurven von einigen Stählen und Leichtmetallegierungen aufgetragen. Es ergab

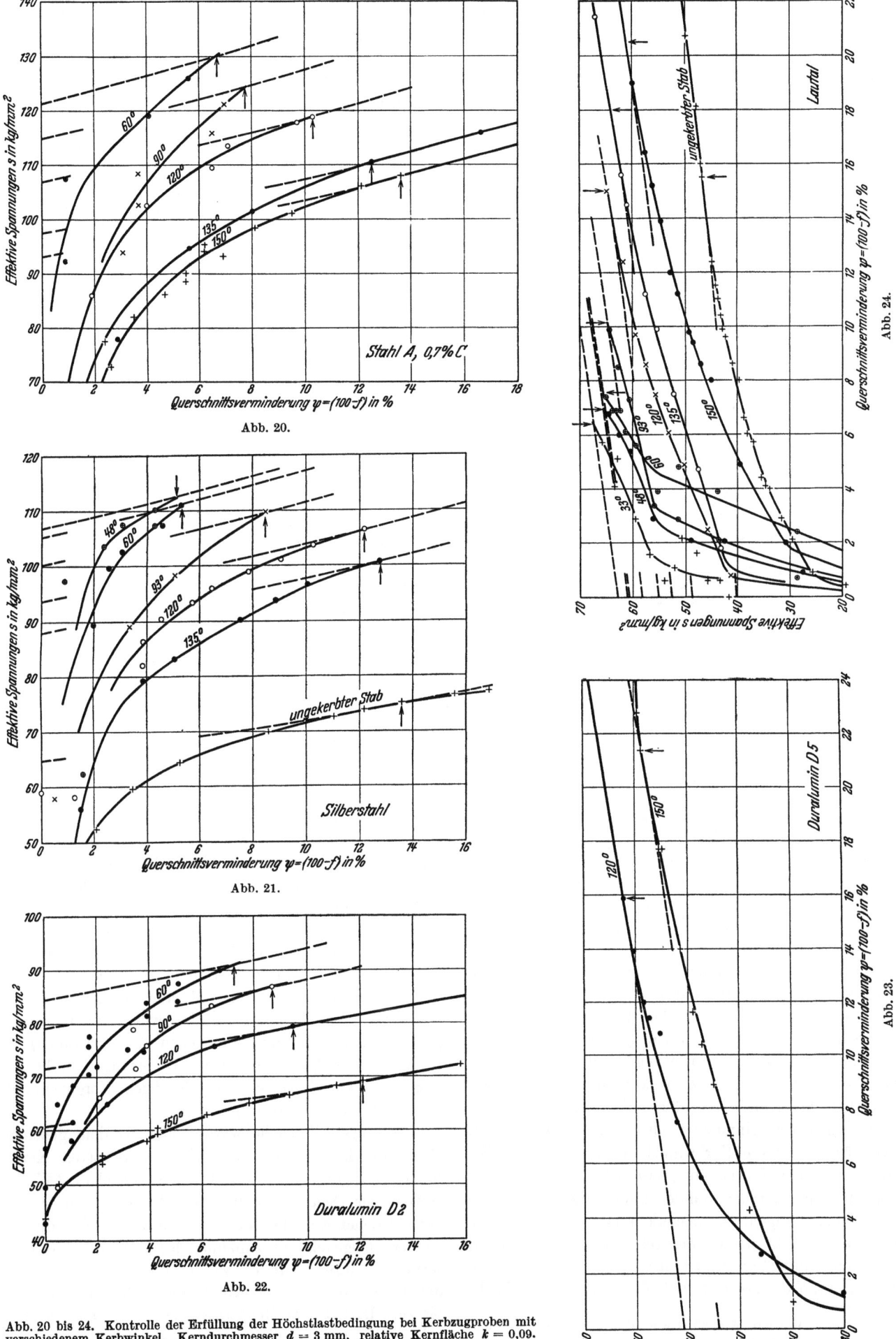

Abb. 20 bis 24. Kontrolle der Erfüllung der Höchstlastbedingung bei Kerbzugproben mit verschiedenem Kerbwinkel. Kerndurchmesser $d = 3$ mm, relative Kernfläche $k = 0{,}09$.
--- = Kontrollkurve $s \cdot f = \sigma_{IIk}$ (vgl. Abb. 17), ↑↓ = effektive Zugfestigkeit $s_{IIk} = \dfrac{\sigma_{IIk} \cdot f_0}{f_{II}}$.

sich, daß bei kleinen Kerbwinkeln die Kurven von der Hyperbel $s \cdot f = \sigma_B$ geschnitten, bei größeren Kerbwinkeln tangiert werden. Und zwar lag die Grenze dieser beiden Vorgänge bei den meisten der untersuchten Werkstoffe mit Ausnahme einiger sehr spröder bei einem Kerbwinkel von etwa 120°. Aus Abb. 25 erkennt man den knickartigen Übergang* des Festigkeitsgesetzes vom ungestörten zum gestörten Verlauf. Der Übergang tritt bei spröden Werkstoffen bei größeren Kerbwinkeln ein, und bei Gußeisen ist die Störung sogar schon bei $\omega = 180°$, also beim ungekerbten Zugstab vorhanden.

$k = 0$ (Punkte $D$ in Abb. 57). Diese Extrapolation wurde auf Grund der früheren Untersuchungen geradlinig vorgenommen (S. 12).

Die ungestörten Werte liegen in Abhängigkeit vom Kerbwinkel ebenfalls auf Geraden, die nach der Trennfestigkeit hin verlaufen.

Einige andere Werkstoffe, die gar keine Neigung zu Störungen aufweisen (Aluminium und der weiche Stahl M und bis zur Höchstlast vorgerecktes Kupfer Cu'I) zeigen in Abb. 25 bei allen untersuchten Kerbwinkeln das durchgehend geradlinige Gesetz. Ein methodischer

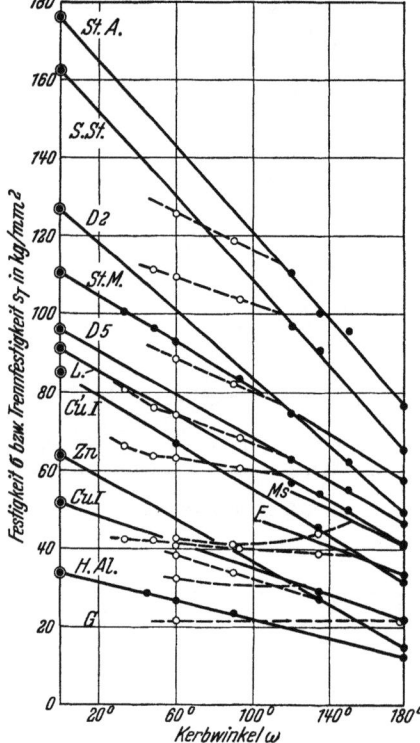

Abb. 25. Gestörte und ungestörte Festigkeit $\sigma_{k=0}$ in Abhängigkeit vom Kerbwinkel. (Die Werte entsprechen den Punkten $B'$ und $D'$ in Abb. 57 und sind zum Teil den Abb. 20 bis 24 entnommen.)
● = ungestörte Werte (Höchstlastbedingung erfüllt),
○ = gestörte Werte (Höchstlastbedingung nicht erfüllt),
⊙ = Trennfestigkeit.
Werkstoffe: $St. A.$ = Stahl A, 0,7 % C; $S. St.$ = Silberstahl; $St. M.$ = Stahl M, 0,2 % C, 1 % Mn; $D_2$ und $D_5$ = Duralumin veredelt; $L$ = Lautal; $Ms$ = Messing 58; $E$ = Elektron AZM; $Zn$ = Zink; $Cu I$ = Kupfer geglüht; $Cu' I$ = dsgl. bis Höchstlast vorgereckt; $H. Al.$ = Handelsaluminium kaltgewalzt; $G$ = Gußeisen.

Die Störung nimmt mit Abnahme des Kerbwinkels zunächst zu. Einige Werkstoffe ($D_5$, $L$, $Ms$) lassen erkennen, daß die Störungseinflüsse bei den kleinsten der untersuchten Kerbwinkel wieder geringer werden, und mit Rücksicht auf die Erörterungen auf S. 15 hinsichtlich der Kerbtiefe dürfen wir annehmen, daß beim Kerbwinkel 0° diese für $k = 0$ gültige Störungskurve wieder in die ungestörte einmündet, also nach $s_T$ hin verläuft (Abb. 57). Kleinere Kerbwinkel lassen sich ohne Beeinflussung der Festigkeitseigenschaften im Kernquerschnitt nicht herstellen, um den Beweis dieser Annahme zu vervollständigen. Zu bemerken ist, daß die eingetragenen Punkte nicht unmittelbar der an der Prüfmaschine ermittelten Festigkeit $\sigma_B$ entsprechen, sondern den Extrapolationswerten auf die relative Kernfläche

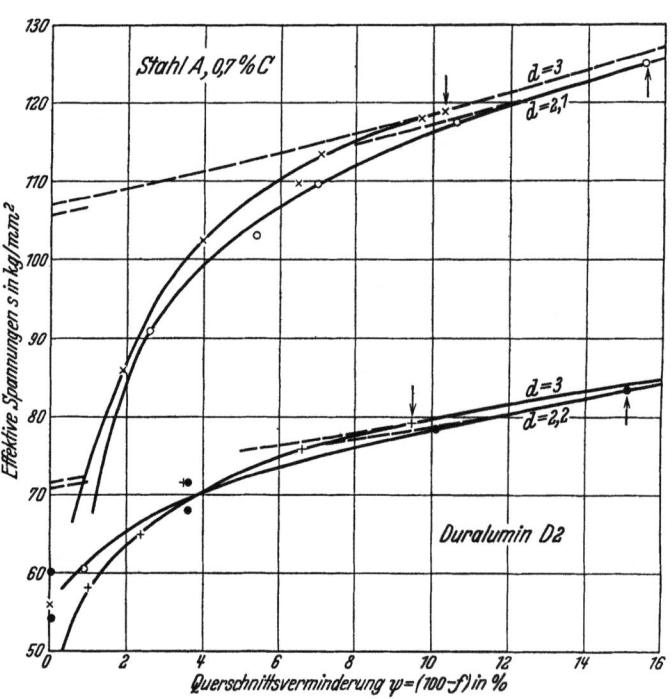

Abb. 26. Zunahme der Querdehnung $\psi_{IIk}$ bei sehr kleinen Kerndurchmessern $d$. Kerbwinkel $\omega = 120°$, Stabdurchmesser $D = 10$ mm.

Nachweis der erfüllten Höchstlastbedingung war bei diesen Werkstoffen nicht nötig, da ein Überschreiten der Höchstlast mit nachfolgender Einschnürung während der Prüfung deutlich beobachtet werden konnte.

Es gibt mithin Stoffe, die zu Störungen neigen, andere wiederum, die unempfindlich sind. Man ist geneigt, zu den störungsfreien die reinen Metalle, wozu auch Stahl mit geringerem Kohlenstoff gehören würde und die homogenen Legierungen (mit homogenen Mischkristallen) zu zählen, während die heterogenen Legierungen, trotz der Vorteile ihrer Festigkeit und häufigen Vergütbarkeit leicht Störungen unterworfen sind.

Die obigen Versuche wurden alle bei dem gleichen Probendurchmesser und der gleichen relativen Kernfläche durchgeführt. Abb. 26 bringt nun noch an 2 Werkstoffen eine Gegenüberstellung der Dehnungskurven bei verschiedener Kerbtiefe bzw. verschiedenem Kerndurchmesser. Obgleich mit zunehmender Kerbtiefe die Verformung stärker behindert werden müßte, zeigen in beiden Fällen die tiefer gekerbten die größere Verformung bis zum Eintritt der Höchstlast. Diese Erscheinung beruht nicht etwa auf einer wirklichen Zunahme der Verformung bei tieferer Einkerbung, sondern ist auf eine

---

* Später werden wir an Hand der Abb. 75 erkennen, daß diese plötzlich einsetzende Störung eine charakteristische Funktion der Spannungsspitze ist.

Dissonanz zwischen der methodisch gemessenen Dehnung und der wahren Abschiebung in Richtung der banalen Gleitfläche zurückzuführen, worauf in vorangehenden Versuchsreihen schon hingewiesen wurde (S. 16). Damit ist nachgewiesen, daß diese Erscheinung nicht nur, wie bei den früheren Versuchen, die gesamte Verformung bis zum Bruch, sondern auch die vor dem Eintritt der Höchstlast auftretende Verformung betrifft. Diese Frage wird im folgenden Abschnitt eingehend untersucht.

Die Ergebnisse lassen sich wie folgt zusammenfassen: Eine graphische Methode der Kontrolle, ob die Höchstlastbedingung bei Kerbzugversuchen erfüllt wird, gibt die Möglichkeit, die von Störungen infolge der Spannungsinhomogenität beeinflußten Festigkeitswerte von ungestörten Werten zu scheiden. Es kann alsdann das nur vom räumlichen Spannungszustand herrührende Festigkeitsgesetz der vorliegenden Probenform erkannt werden. Dies ergibt einen geradlinigen Anstieg mit abnehmendem Kerbwinkel, ebenso wie in früheren Versuchen ein geradliniger Anstieg mit abnehmender relativer Kernfläche erkannt wurde. Auch die elastischen Dehnungswerte standen ja in gleicher Gesetzmäßigkeit zur Gestalt.

## 4. Einfluß der Verformungsinhomogenität auf die effektive Festigkeit.

In den voranlaufenden Abschnitten wurde die Festigkeit im durch Einkerbung erzeugten räumlichen Spannungszustand sowie deren Störungen infolge der Spannungsinhomogenität zahlenmäßig ermittelt. Für die Kenntnis der „effektiven" Festigkeit benötigt man jedoch zugleich das Maß der bis zur Höchstlast eingetretenen plastischen Querschnittsänderung. Diese ist insofern stets gestört, als die Verformungen ebenso wie die Spannungen ungleichmäßig über den Querschnitt verteilt sind. Unter den Spannungsspitzen ist die Verformung schon weiter vorgeschritten als an den übrigen Stellen. Bei der Messung erhält man somit nur eine mittlere Verformungszahl.

Ist nun die Festigkeit infolge der ungleichmäßigen Spannungsverteilung stark vermindert, so wird auch die Höchstlastverformung vorzeitig unterbrochen worden sein. Diese letztere plastische Störung läßt sich vermeiden, indem man möglichst nur Werkstoffe mit ungeminderter Festigkeit prüft. Es ist dann an allen Querschnittsstellen die der Höchstlastbedingung zugehörige Verformung nicht nur voll erreicht, sondern da, wo Spannungsspitzen auftreten, sogar schon überschritten. Der Mittelwert wird dann eindeutig größer als die wahre, ungestörte Höchstlastverformung der Kerbprobe ausfallen.

### a) Gestörter und ungestörter Verformungsverlauf im Kernquerschnitt.

Zunächst wurde stark gewalztes Aluminium untersucht, da dessen Verhalten unter Einwirkung der Einkerbung deshalb aufschlußreich zu werden versprach, weil es am ungekerbten Zugstab keine nennenswerte Gleichmaßverformung ($\psi_{II} = 2\%$), sondern nur eine große Einschnürung von $\psi_{III} = 61\%$ aufwies. Die plastischen Querdehnungen wurden in derselben Weise wie früher mittels eines Fernrohres mit Okularmikrometer während der Belastung gemessen (S. 18). Zugleich wurden die Querdehnungen im Probenschaft unmittelbar neben der Kerbe mit Hilfe einer Mikrometerschraube ermittelt. Die Verformungskurven sind in Abb. 27 wiedergegeben. Das scheinbar zu stark gewalzte (zerrüttete) Material zeigte trotz guter Plastizität die Neigung, schon im Bereiche der Höchstlast in der Kerbe anzureißen, was in den Diagrammen dadurch in Erscheinung tritt, daß mit Beginn des Risses die ermittelten Spannungskurven knickartig abfallen. Andernfalls hätten sie vom Höchstlastpunkt ab etwa tangential weiter verlaufen müssen.

Die Proben brachen nun mit dem Anriß nicht sofort vollständig durch, sondern verformten sich infolge ihrer großen Plastizität noch weiter, so daß die graphische Kritik der Höchstlastbedingung hier nicht so klar liegt wie

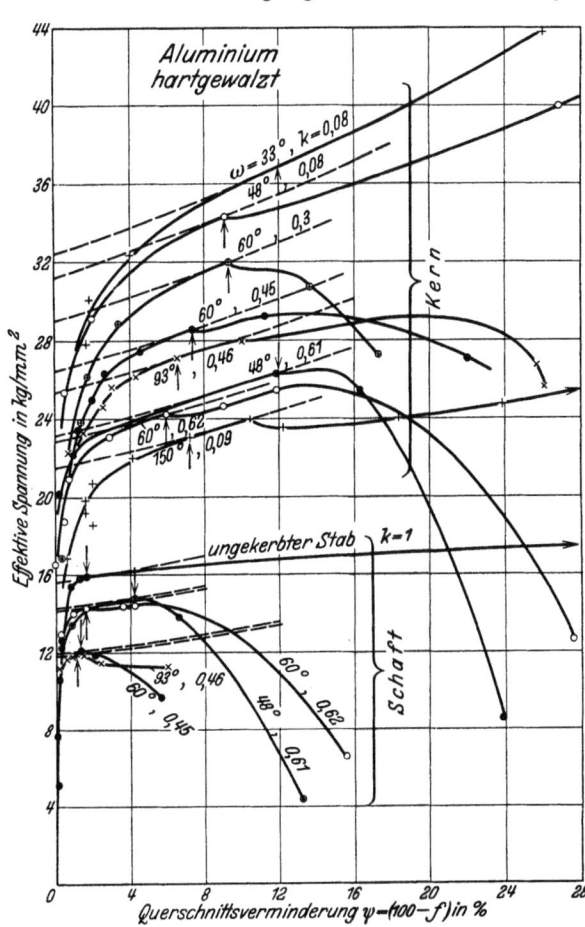

Abb. 27. Effektive Spannungs-Verformungs-Schaubilder für den Kern- und Schaftquerschnitt (in Kerbnähe) von Kerbzugproben bei verschiedenem Kerbwinkel $\omega$ und verschiedener relativer Kernfläche $k$. $D = 10$ mm.
--- = Kontrollkurve $s \cdot f = \sigma_{IIk}$ für den Eintritt des Lastenmaximums (Höchstlastbedingung); ↑↓ = effektive Zugfestigkeit $s_{IIk} = \dfrac{\sigma_{IIk} \cdot f_0}{f_{II}}$.
(Bei den Kerbwinkeln 33°, 48°, 60° ist der wahre Verlauf der Kurven schon vor Eintritt der Höchstlast durch Einreißen der Probe gestört; infolge der ausgiebigen Plastizität dieses Werkstoffs brechen aber die Proben beim Einreißen noch nicht vollständig durch.

bei den früher untersuchten Legierungen mit plötzlichem Durchbruch der Probe (S. 19). Da jedoch nach Abb. 27 das Einreißen bei Kerbwinkeln von 90° und darüber erst nach Überschreiten des Lastenmaximums eintrat, so können bei diesen Winkeln die dem Lastenmaximum entsprechenden Festigkeits- und Dehnungswerte als gesichert angesehen werden, während sie bei den Kerbwinkeln von 33, 48 und 60° gestört sind (Abb. 28). Trotzdem genügen die Ergebnisse, um ein schematisches Bild des Verformungsablaufs in Abhängigkeit von der Kerbwirkung entwerfen zu können.

Zu diesem Zweck wurden in der Abb. 27 die bis Eintritt der Höchstlast auftretenden Verformungen als auch die Gesamtverformungen bis zum Bruch maßstäblich abgegriffen und in Abb. 29 in Abhängigkeit von der relativen Kernfläche eingezeichnet. Es ergibt sich jetzt, daß die vorerst geringe Höchstlastverformung $\psi_{IIk}$ infolge der Einkerbung zunächst mit der Kerbtiefe erheblich zu-, dann wieder abnimmt, und dies um so mehr, je spitzer der Kerbwinkel ist. Die Bruch- (Fließkegel-) Verformung $\psi_{IIIk}$ verläuft umgekehrt, also spiegelbildartig.

je mehr der Kerbwinkel von null abweicht. Aus dieser Gedankenfolge ergibt sich der in Abb. 29 gestrichelt eingezeichnete ideelle Verlauf der Verformungen unter der Voraussetzung, daß eine ungleichmäßige Verteilung der Spannungen nicht vorhanden ist. Im Grenzfall des polarsymmetrischen Spannungszustandes ist keine Verformung vorhanden, demnach müssen auf Grund der vorangehenden Untersuchungen die gestrichelten Kurven die Abszisse in einer vom Kerbwinkel $\omega$ abhängigen Entfernung $180/(180 - \omega)$ schneiden. Dieser Betrag folgt aus der experimentellen Tatsache, daß hinsichtlich Elastizität und Festigkeit die Wirkungen der Winkelveränderung und relativen Kernflächenveränderung linear verlaufen und, ohne das Ergebnis zu stören, gegeneinander ausgetauscht werden können (S. 9 und 21).

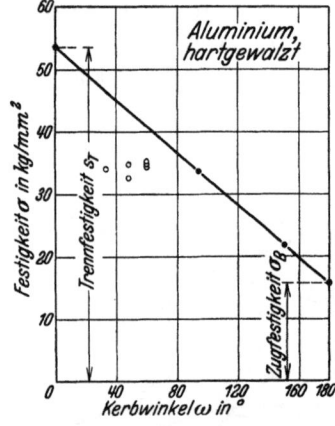

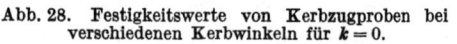

Abb. 28. Festigkeitswerte von Kerbzugproben bei verschiedenen Kerbwinkeln für $k = 0$.
● = Höchstlastbedingung erfüllt;
○ = Höchstlastbedingung nicht erfüllt.

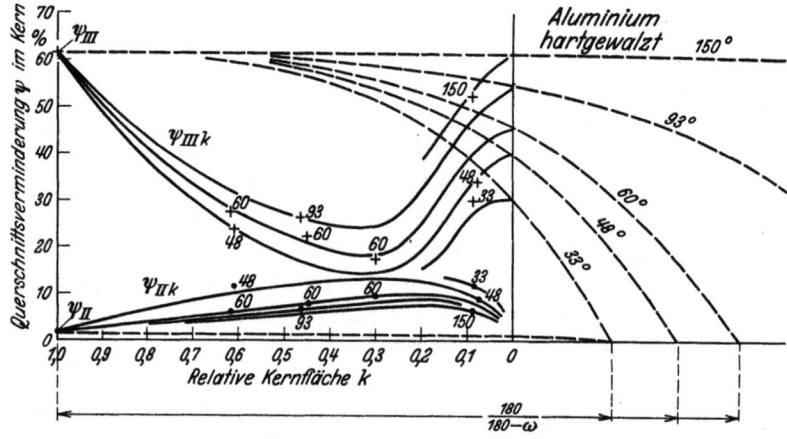

Abb. 29. Verlauf der Höchstlastverformung $\psi_{IIk}$ und Bruchverformung $\psi_{IIIk}$ des Kernquerschnitts von Kerbzugproben bei abnehmender relativer Kernfläche. Die Zahlen bezeichnen die Kerbwinkel. $D = 10$ mm.
- - - - = Ideeller Verlauf unter Ausschaltung der Spannungsinhomogenität.

Dieses Bild ist typisch für die plastische Auswirkung des ungleichmäßigen Spannungszustandes. Die Gesamtverformung wird entsprechend dem Ausmaß der Inhomogenität stets vermindert (auch wenn die Höchstlastbedingung erfüllt ist), indem unter dem Einfluß der Spannungsspitze die Probe ja immer in der Kerbe anzureißen beginnt und damit die vollständige Ausbildung der Verformung im übrigen Querschnittsteil behindert*. Die Höchstlastverformung wird dagegen unter dem Einfluß der Spannungsspitze um einen Anteil der Fließkegelverformung vermehrt und verläuft daher umgekehrt.

In der relativen Kernfläche $k = 0$ ist nun die Spannungsinhomogenität aufgehoben (S. 15). Es müssen daher die Kurven hier einem Wert zustreben, der dem ungestörten räumlichen Spannungszustand entspricht. Der räumliche Spannungszustand in der Kerbzugprobe wirkt aber verformungshindernd, infolgedessen liegt der Grenzwert niedriger als die Verformung des ungekerbten Stabes (bei der relativen Kernfläche 1). Ferner liegt er aus gleichem Grunde bei kleinen Kerbwinkeln (intensivere räumliche Wirkung) niedriger als bei großen; denn selbst bei der relativen Kernfläche $k = 0$ ist der polarsymmetrische Spannungszustand um so weniger erreicht,

### b) Störungseinflüsse.

In Abb. 30 ist bei konstantem Kerbwinkel die Untersuchung noch weitergeführt worden. Stangenmaterial anderer Herkunft als das erstuntersuchte wurde diesmal geglüht, damit eine Höchstlastdehnung vorhanden war. Diese betrug als Querschnittsverminderung ausgedrückt $\psi_{II} = 17\%$ (bei wirksamerem Ausglühen wären 25—30% möglich gewesen). In Abb. 30 befinden sich die Kurven und in Abb. 31 die Auswertungen. Bei letzteren wurden jetzt auch die im Schaft unmittelbar neben der Kerbe auftretenden Verformungen $\psi_{IIs}$ und $\psi_{IIIs}$ eingehender berücksichtigt. Der ungestörte ideelle Verlauf wurde wieder gestrichelt eingezeichnet. In diesem Beispiel ist wegen einer größeren Zahl von Versuchspunkten die Kontinuität der Ergebnisse besser verfolgbar. Dabei mußten aus fertigungstechnischen Gründen die absoluten Kerndurchmesser mit abnehmender relativer Kernfläche immer kleiner werden.

Es zeigt sich nun außer der senkrecht schraffierten Inhomogenitätseinflußzone noch ein weiteres durch schräge Schraffur verdeutlichtes Störungsgebiet, verursacht zum Teil durch die Einschränkung der Gleitflächenzahl bei Einkerbungen und die damit verbundene Vergrößerung der prozentualen Querdehnung bei kleinen Durchmessern (S. 16). Hauptsächlich aber ist hierfür mit großer Wahrscheinlichkeit die bei Proben mit so winzigem Fließbereich unvermeidliche Lastüberhöhung im Einschnürgebiet und das damit verbundene

---

* Zu beachten ist hierbei, daß unter „Verformung" die methodische mittlere Querschnittsänderung gemeint ist, und nicht etwa die Verformung kleinster Materialteilchen, die sich beim Weiterreißen fraglos bis an ihre Grenze verformen.

Nachfließen verantwortlich zu machen. Diese Abweichung muß natürlich wieder gleich null werden, wenn keine Verformung mehr auftritt, also ganz rechts im Bild (punktiert gezeichnet). Dieser Einfluß ist auch in den Kurven der Abb. 29 enthalten, wurde dort aber nicht besonders herausgeschält.

Zu diesem Zweck wählen wir das System jetzt so, daß bei der relativen Kernfläche $k = 0$ der polarsymmetrische Spannungszustand zugleich erreicht ist. Das ist der Fall, wenn $\frac{180}{180 - \omega} = 1$, also der Kerbwinkel $\omega = 0$ und bei veränderlichem $k$ konstant ist. Dann ergibt sich das in Abb. 32 wiedergegebene schematische Bild. Gegeben ist darin Punkt $A$ durch die gleichmäßige Dehnung $\psi_{II}$ am ungekerbten Zugstab, $B$ als die Zugfestigkeit $\sigma_B = \sigma_{II}$, $C$ als die gleichzeitige effektive Spannung $s_{II} = \frac{\sigma_B \cdot 100}{100 - \psi_{II}}$ desselben. Mit zunehmender

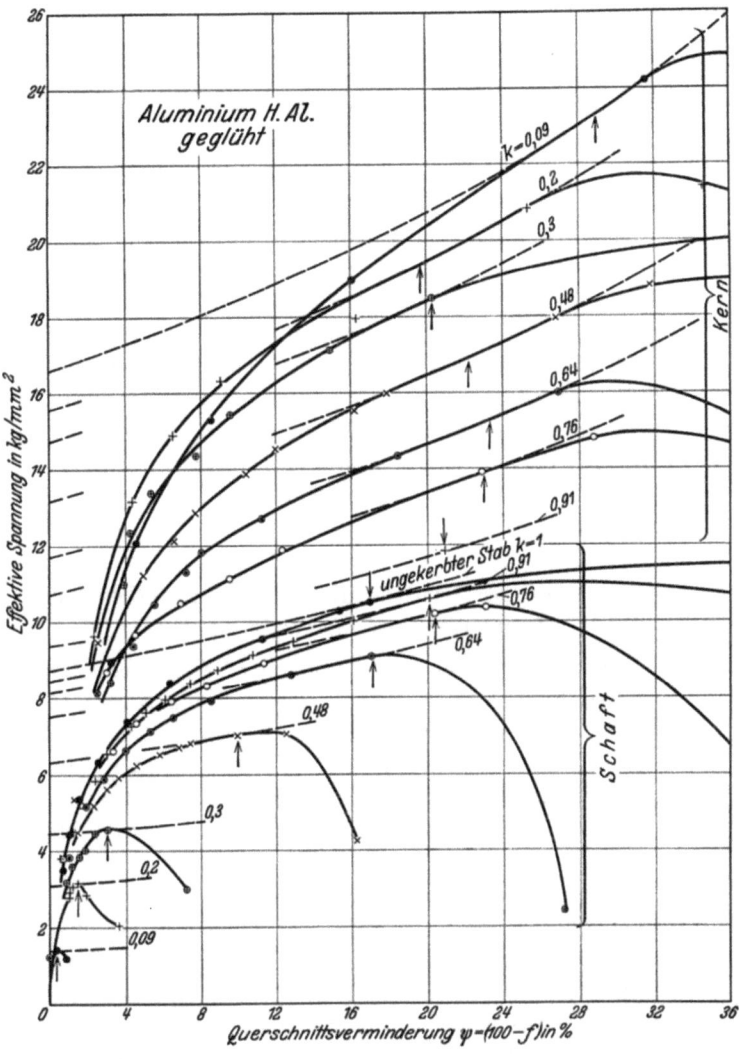

Abb. 30. Effektive Spannungs-Verformung-Schaubilder für den Kern- und Schaftquerschnitt (in Kerbnähe) von Kerbzugproben bei verschiedener relativer Kernfläche $k$ und gleichem Kerbwinkel $\omega = 60°$. $D = 10$ mm.

‒ ‒ ‒ ‒ = Kontrollkurve $s \cdot f = \sigma_{IIk}$ für den Eintritt des Lastenmaximums.

↓↑ = effektive Zugfestigkeit $s_{IIk} = \frac{\sigma_{IIk} \cdot f_0}{f_{II}}$.

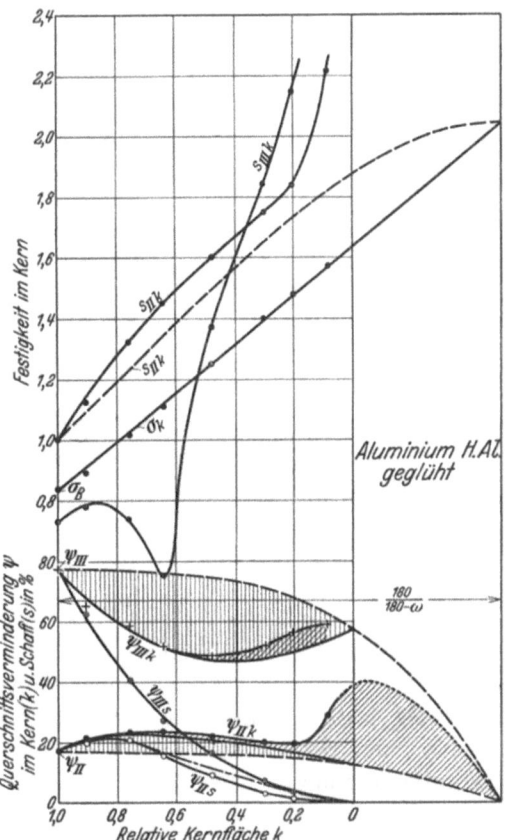

Abb. 31. Verlauf der Höchstlastverformung ($\psi_{IIIk}$ und $\psi_{IIs}$) und Bruchverformung ($\psi_{IIIk}$ und $\psi_{IIIs}$) des Kern- bzw. Schaftquerschnitts (in Kerbnähe) von Kerbzugproben bei verschiedener relativer Kernfläche $k$. Kerbwinkel = 60°. Oben: Verlauf der Festigkeit $\sigma_k$ (der Index $II$ ist hier fortgelassen!) der effektiven Festigkeiten $s_{IIk}$ und der effektiven Zerreißfestigkeit $s_{IIIk}$ im Kernquerschnitt. $s_{II} = 1$ gesetzt, $D = 10$ mm.

‒ ‒ ‒ ‒ = Ideeller Verlauf unter Ausschaltung der Spannungsinhomogenität. Senkrechte Schraffur = Einfluß der Spannungsinhomogenität. Schräge Schraffur = Einfluß der Gleitflächeneinschränkung und des Nachfließens auf das Verformungsmaß.

### c) Ungestörtes Verformungs- und Festigkeitsgesetz.

Aus den gemessenen Verformungen des Kernquerschnittes bis zur Höchstlast als auch bis zum Bruch konnten nun die mittleren „effektiven" Spannungen bei Eintritt dieser beiden ausgezeichneten Fälle ermittelt und in Abb. 31 eingezeichnet werden. Sie zeigen wieder sehr deutlich den Einfluß der Störungen. Nun ist das Ziel dieser Untersuchung, nach Erkennung der Verformungsstörungen infolge ungleichmäßiger Spannungsverteilung das ungestörte Verformungsgesetz zu entwickeln, um die wahren Spannungen bei Eintritt des Lastenmaximums ermitteln zu können, die dann nur noch eine Folge des mehrseitigen Kräfteangriffs sind.

Einkerbtiefe, also abnehmender relativer Kernfläche verläuft laut experimenteller Erfahrung die ungestörte Festigkeit von $B$ geradlinig nach der Trennfestigkeit $s_T$ in $D$. Ferner wissen wir aus den vorangehenden Dehnungsmessungen, daß die ungestörte Höchstlastverformung von $A$ nach dem Nullpunkt $O$ etwa in der eingezeichneten Form verläuft. Gesucht ist das Gesetz des Verlaufs der Höchstlastverformung von $A$ nach $O$ oder der effektiven Spannungen von $C$ nach $D$. Dies Gesetz läßt sich mit Hilfe bekannter Grenzbedingungen aufstellen. Nehmen wir vorerst an, mit abnehmendem $k$ bliebe die Höchstlastverformung konstant $= \psi_{II}$, dann würde sich die effektive Spannung $s_{IIk} = \frac{\sigma_k \cdot s_{II}}{\sigma_B}$ ergeben, das ist die Gerade zwischen

$C$ und $E$. Diese Gerade ist also die Tangente an die zu suchende $s_{IIk}$-Kurve im Punkte $C$. Eine weitere Bedingung erfordert den horizontalen Einlauf der $s_{IIk}$-Kurve bei $D$, denn im Falle des Trennungsbruchs verläuft erfahrungsgemäß die Bruchfläche unter 90° zur Stabachse. Das bedeutet aber nach der Mohrschen Bruchhypothese[26], daß die größte Hauptspannung $s_1 = s_{IIk}$ kurz vor Erreichen des polarsymmetrischen Zustandes nicht mehr zunimmt. Als nächste Bedingung muß bei sehr kleiner Höchstlastverformung $\psi_{II}$ des Werkstoffes die $s_{IIk}$-Kurve fast geradlinige Gestalt annehmen, weil die Geraden $BD$ und $CE$ dann dicht aneinanderrücken. Allen genannten Bedingungen wird unter den einfachen Kurven nur eine Hyperbel gerecht, deren Achse mit der Ordinate $k = 0$ zusammenfällt. Ihre Gleichung ergibt sich dann, wenn die effektive Höchstlastspannung des ungekerbten Stabes $s_{II} = \dfrac{\sigma_B \cdot 100}{100 - \psi_{II}} = 1$ gesetzt wird, wie folgt:

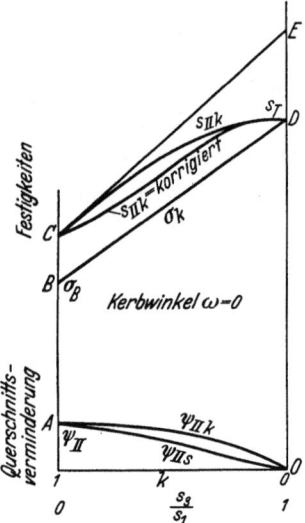

Abb. 32. Schematische Darstellung des ideellen Verformungs- und Spannungsverlaufs unter Ausschaltung der Spannungsinhomogenität.

$$(s_T - 1)^2 (s_T - \sigma_B) k^2 + (s_T + \sigma_B - 2 s_T \sigma_B) s_{IIk}^2$$
$$+ 2 s_T (s_T \sigma_B - 1) s_{IIk} - s_T^2 (s_T + \sigma_B - 2) = 0. \quad (6)$$

In dieser Gleichung mit den Variablen $s_{IIk}$ und $k$ bezieht sich $k$ immer noch auf die Ausgangsquerschnitte.

Errechnet man sich nun aus der mathematischen $s_{IIk}$-Kurve und der experimentellen $\sigma_k$-Geraden die Höchstlastverformung

$$\psi_{IIk} = 100 \left(1 - \dfrac{\sigma_k}{s_{IIk}}\right) \quad (7)$$

bei veränderlichem $k$ aus, so ergibt sich die in Abb. 32 eingezeichnete $\psi_{IIk}$-Kurve, die entsprechend der Voraussetzung einen horizontalen Einlauf bei Punkt $A$ hat. Das würde dem in Abb. 29 und 31 eingezeichneten, aus den experimentellen Ergebnissen gefolgerten Verlauf gut entsprechen.

### d) Verformung des Schaftes.

Für den effektiven Zustand ist aber zu berücksichtigen, daß bis zum Abschluß der Höchstlastverformung sich die relative Kernfläche verändert hat, weil Schaft- und Kerndurchmesser sich in verschiedenem Maße verändert haben. Recht bedeutungsvoll ist in dieser Hinsicht die Erscheinung, daß der Schaft nach Überschreiten des Lastmaximums trotz der damit eintretenden Entlastung sich noch weiter verformt und an der Einschnürung des Kernes teilnimmt. Nach Abb. 30 konnte sogar bei der tiefen Einkerbung mit $k = 0,09$ die Erfüllung der Höchstlastbedingung im Schaft unter einer Anspannung von nur 6% der Anspannung im Kern und 13% der Anspannung im ungekerbten Zugstab nachgewiesen

werden. Daraus muß geschlossen werden, daß sich in der Nachbarschaft des gefährlichen Kernquerschnitts eine Fließzone ausbildet, in welcher ein kritischer Materialzustand (z. B. Fließgrenze und Höchstlast) nicht von einer daselbst wirkenden kritischen Spannung normal zum Querschnitt abhängig ist, sondern von einer im gefährlichen Querschnitt entstehenden und sich in die Nachbarschaft fortsetzenden Gleitflächenbildung erzeugt wird.

Die Entfestigung in der Nachbarschaft des schwächsten Querschnittes ist an der Fließkegelausbildung des ungekerbten Zugstabes schon studiert worden[27, 25]. Neuartig ist jedoch hier die große Wirksamkeit dieser Erscheinung selbst bei künstlicher Einkerbung, indem sie sogar auf benachbarte Stabteile übergreift, die von vornherein mehr als den 10fachen Querschnitt besitzen. Später werden wir die physikalische Deutung dieses Problems in der Verminderung des Schubwiderstandes im Kernquerschnitt bei mehrseitigem Zug finden. Aus dieser bis in den Schaft reichenden Wirkungszone erklärt sich die mit der Höchstlastverformung des Kerns zugleich zunehmende Schaftverformung bei nicht zu großen Einkerbtiefen in Abb. 31.

### e) Korrektur der relativen Kernfläche und effektiven Spannungen aus der Verformung.

Zur formelmäßigen Entwicklung der Veränderung der relativen Kernfläche aus der Verformung von Kern und Schaft ist noch die Kenntnis der Beziehung zwischen diesen beiden Verformungen erforderlich. Da die Kernverformung $\psi_{IIk}$ aus Gleichung (7) bekannt ist, so wäre alsdann auch die Schaftverformung $\psi_{IIs}$ ermittelbar.

Auf Grund der notwendigen Annahme gemeinsamer Schiebeflächen von Kern und benachbartem Schaft und des daraus zu folgernden gemeinsamen kritischen Maßes $b$ der Abschiebung in diesen Flächen und des Schiebewinkels $\varphi$ zwischen der zunächst als eben angesehenen Gleitfläche und der Stabachse ergibt sich für die Durchmesseränderung im Schaft bzw. im Kern

$$\varepsilon_s = \dfrac{2 b \sin \varphi}{D},$$

$$\varepsilon_k = \dfrac{2 b \sin \varphi}{d}$$

und

$$\psi_s = \dfrac{D^2 - (D - 2 b \sin \varphi)^2}{D^2},$$

$$\psi_k = \dfrac{d^2 - (d - 2 b \sin \varphi)^2}{d^2},$$

hieraus folgt:

$$\dfrac{\psi_s}{\psi_k} = \sqrt{k}\, \dfrac{2 - \varepsilon_s}{2 - \varepsilon_k}$$

oder, da der Quotient mit großer Annäherung $= 1$ wird:

$$\psi_s = \psi_k \sqrt{k}. \quad (8)$$

Um die Gültigkeit dieser Beziehung durch Vergleich mit den experimentellen Werten in Abb. 31 nachprüfen zu können, ist noch eine Überlegung notwendig: Die entwickelten Beziehungen haben nur dann einen Sinn, wenn bei $k = 0$ auch $\omega = 0$ ist, damit die Verformungen von Kern und Schaft dem gemeinsamen Nullpunkt zustreben, wie es in der schematischen Darstellung in Abb. 32 zur Bedingung gemacht wurde. In Abb. 31 ist die Kernverformung bei $k = 0$ wegen des Kerbwinkels $\omega = 60°$ noch groß, während die Schaftverformung mit $k = 0$ schon null geworden ist. Es lassen sich aber die Kernverformungen im $k$-Maßstab auf die dem Kerbwinkel $\omega = 0$ zugehörigen Werte reduzieren, indem man die über den Abszissenbereich $180/(180 - \omega)$ sich erstreckende, nach Gleichung (7) errechnete, ideelle $\psi_{IIk}$-Kurve in den Bereich $k = 0$ bis $k = 1$ proportional umzeichnet (in Abb. 31 fortgelassen). Die so aus den verschobenen Werten $\psi_{IIk}$ nach Gleichung (8) errechneten $\psi_{IIs}$-Werte sind in Abb. 31 strichpunktiert eingetragen und fallen bei kleinen Kerbtiefen mit den experimentellen zusammen. Die geringen Abweichungen bei großer Kerbtiefe sind darauf zurückzuführen, daß — wie die zerrissenen Proben deutlich zeigten — bei einem Kerbwinkel von 60° die durch den Kernquerschnitt gehenden Schiebeflächen die Kerbflanke treffen und der Schaft außerhalb ihrer unmittelbaren Wirkungszone liegt, wodurch dessen Verformungen geringer ausfallen als es die auf Grund gemeinsamer Schiebeflächen durchgeführte Rechnung ergibt. Zu unserem gewählten System (Abb. 32), in welchem wir eine $k$-Verschiebung errechnen wollen, gehört aber der Kerbwinkel $\omega = 0°$. Bei diesem wäre der gefundene Fehler folgerichtig nicht vorhanden und dürften demnach die nach Gleichung (8) errechneten Schaftdehnungen in dem System der Abb. 32 genau stimmen. Im übrigen handelt es sich ja ohnehin nur um eine Korrektur der $s_{IIk}$-Kurve, für welche eine angenäherte $\psi_{IIs}$-Kurve genügen würde, während ihre genaue Ermittlung eine Korrektur zweiter Ordnung darstellen würde, die unwesentlich ist.

Jetzt läßt sich die relative Kernfläche korrigieren. Der Kernquerschnitt ist dann $= (100 - \psi_{IIk}) k$ und der Schaftquerschnitt nahe der Einkerbung $= (100 - \psi_{IIs}) \cdot 1$. Es ergibt sich für die korrigierte relative Kernfläche $k'$ unter Berücksichtigung von Gleichung (8)

$$k' = \frac{(100 - \psi_{IIk}) k}{100 - \psi_{IIk} \cdot \sqrt{k}}.$$

Da nach Gleichung (7) $100 - \psi_{IIk} = \frac{\sigma_k}{s_{IIk}}$ ist, wird

$$k' = \frac{\frac{\sigma_k}{s_{IIk}} \cdot k}{\left(\frac{\sigma_k}{s_{IIk}} - 1\right)\sqrt{k} + 1}. \qquad (9)$$

Hierin ist $\sigma_k$ und $s_{IIk}$ aus der $\sigma_k$-Geraden bzw. der $s_{IIk}$-Hyperbel und entwicklungsgemäß für die ursprüngliche relative Kernfläche $k$ zu entnehmen. Die neue $s_{IIk}$-Kurve liegt nach Abb. 32 etwas tiefer als die $s_{IIk}$-Hyperbel.

Auf eine Zusammenfassung der Gleichungen (6) und (9) durch Eliminieren von $k$ soll mit Rücksicht auf die damit verbundene Umständlichkeit verzichtet werden; denn in die Gleichung (9) wäre noch die geradlinige Beziehung:

$$\sigma_{k,\omega=0} = s_T - (s_T - \sigma_B) k \qquad (10)$$

einzusetzen.

Für die als Endziel in Aussicht genommene praktische Auswertung der entwickelten Gleichungen (6), (9) und (10) zur Errechnung des Schub- und Normalwiderstandes im räumlichen Spannungszustand ist die getrennte und konstruktive Behandlung beider Gleichungen vorteilhafter. Darüber sei später berichtet.

### Zusammenfassung.

Mit Steigerung der räumlichen Kraftwirkung vom linearen Zustand bis zur Polarsymmetrie nimmt sowohl die Höchstlastverformung als auch die Bruchverformung kontinuierlich ab. Die bei Einkerbungen auftretende ungleichmäßige Verteilung der Spannungen erzeugt zusätzlich zur räumlichen Wirkung eine Vermehrung der Höchstlastverformung und eine Verminderung der Bruchverformung.

Aus der experimentellen Festigkeit und der Höchstlastverformung unter Ausschaltung der zusätzlichen Einwirkung der Inhomogenität läßt sich die effektive Festigkeit errechnen, die in Abhängigkeit von der relativen Kernfläche bei dem verwendeten Probensystem einen hyperbolischen Verlauf nimmt.

Die Kenntnis des Verlaufs der effektiven Festigkeit ist eine notwendige Vorbedingung für die Untersuchung der Schub- und Normalspannungen bei mehrseitiger Beanspruchung.

## 5. Schub- und Trennwiderstandsgesetz bei räumlicher Zugbeanspruchung.

In der elastischen Mechanik pflegt man den auf ein Körperteilchen wirkenden Spannungszustand durch die in beliebig gerichteten Schnittebenen wirkenden Schubspannungen und die senkrecht dazu wirkenden Normalspannungen zu kennzeichnen. Die Schnittebene ist hier nur Hilfsmittel zur bequemen Orientierung über die Gesamtwirkung der Kräfte. Die Plastizitätslehre befaßt sich aber mit wahrhaft auftretenden Gleitflächen, in denen die wirkenden Schub- und Normalspannungen als kritische Grundfaktoren betrachtet werden, auf die man zweckmäßig das Versagen des Werkstoffes, sei es an der Fließ- oder der Bruchgrenze zurückführt. Diese Übereinstimmung theoretischer Gepflogenheit der Elastizitätslehre mit der Wirklichkeit bei den plastischen Vorgängen berechtigt, für den plastischen Bereich die wirksamen Kräfte auf elastizitätstheoretischer Basis zu ermitteln. Welchen plastischen Formänderungswiderstand der Werkstoff den so errechenbaren Spannungen entgegenzustellen vermag, ist eine spezifisch stoffliche Angelegenheit, deren Gesetzmäßigkeit zu ergründen Aufgabe des folgenden Abschnitts ist.

### a) Räumliche Hauptspannungen.

Die Beziehungen der beiden Spannungsanteile Schubspannung $\tau$ und Normalspannung $\sigma_N$ zu den äußersten Hauptspannungen $s_1$ und $s_3$ sind im allgemeinen durch die nachstehende Gleichung (11) festgelegt[28], in welcher nach der Elastizitätstheorie die mittlere Hauptspannung unberücksichtigt bleibt. Erzeugt man nun den räumlichen Spannungszustand an einem zylindrischen Zugstabe durch eine ringsherum eingedrehte Spitzkerbe, so sind größte Hauptspannung und experimentell gefundene effektive Zugspannung identisch, während die zweite und dritte Hauptspannung einander gleich sind und an der vorliegenden Probenform nach Gleichung (2a) ermittelt werden (S. 9).

Mit der Kenntnis von $s_3$ läßt sich — da $s_1$ für eine angenommene relative Kernfläche experimentell bekannt ist — das Versagen des Werkstoffes auf die Schub- und Normalspannung zurückführen und wir wollen zunächst nicht die Fließgrenze, sondern das Lastenmaximum einer Untersuchung unterziehen, weil sich letzteres nach gesonderten Regeln von den zusätzlichen Einflüssen der ungleichmäßigen Spannungsverteilung befreien läßt (S. 18).

Die $s_1$-Werte für verschiedene Grade von $k'$ oder $s_3/s_1$ brauchen nun nicht einzeln experimentell ermittelt zu werden, wenn man die früher entwickelten Gleichungen (6), (9) und (10) zu Hilfe nimmt, die mit den Werkstoffkonstanten Zugfestigkeit $\sigma_B$, Trennfestigkeit $s_T$ und der = 1 gesetzten effektiven Zugfestigkeit $s_{II}$ festliegen. In der folgenden Zusammenstellung der benötigten Gleichungen sind zweckentsprechend in der elastischen Gleichung (2a) $k$ durch $k'$ und in Gleichungen (6) und (9) $s_{II,k}$ durch $s_1$ ersetzt worden (S. 9 und 24). Gleichung (9) drückt die Verschiebung von $k$ nach $k'$ aus, welche eine Folge der plastischen Verformung bis zur Höchstlast ist, mit welcher die relative Kernfläche sich ändert. In Gleichung (6) ist dann $k$ durch die bekannte Funktion von $k'$ zu ersetzen. Gleichung (10) bringt die experimentell belegte geradlinige Beziehung der auf den ursprünglichen Kernquerschnitt bezogenen Festigkeit $\sigma$ im $k$-System. Die Festigkeit $\sigma$ benötigt man in der Gleichung (9).

### b) Schub- und Normalspannungen.

Die vier genannten Gleichungen enthalten die experimentellen Ergebnisse in gesetzmäßiger Form, während Gleichung (11) die elastizitätstheoretische Beziehung zwischen Schub- und Normalspannung in der Gleitebene einerseits und den Hauptspannungen andererseits enthält und gleichzeitig die Mohrschen Spannungskreise darstellt. Die Hüllkurve an diese Spannungskreise ergibt dann nach Mohr[26] das reine Normalspannungs-Schubwiderstandsgesetz, welches mathematisch durch Gleichung (12) ausgedrückt wird. In dieser Gleichung ist $k'$ eine aus den ersten fünf Gleichungen zu ermittelnde Funktion von der Normalspannung $\sigma_N$ und dem Schubwiderstand $\tau$.

$$s_3 = (1-k')s_1, \qquad (2a)$$

$$(s_T-1)^2(s_T-\sigma_B)k^2 + (s_T+\sigma_B-2s_T\sigma_B)s_1^2 + 2s_T(s_T\sigma_B-1)s_1 - s_1^2(s_T+\sigma_B-2) = 0. \qquad (6)$$

$$k' = \frac{\dfrac{\sigma}{s_1}\cdot k}{\dfrac{\sigma}{s_1}\sqrt{k}-\sqrt{k}+1}, \qquad (9)$$

$$\sigma = s_T - k(s_T-\sigma_B), \qquad (10)$$

$$\sigma_N^2 + \tau^2 - \sigma_N(s_1+s_3) + s_1 s_3 = 0, \qquad (11)$$

$$\frac{d\,\mathfrak{F}(\sigma_N,\tau,k')}{d\,k'} = 0. \qquad (12)$$

### c) Geometrische Darstellung des Hüllkurvengesetzes für das Lastenmaximum.

Die algebraische Auswertung der sechs Gleichungen ist indessen zu umständlich, wohingegen die geometrische Darstellung der Hüllkurve praktisch gut möglich ist. In der Abb. 33 sei ein Beispiel mit dem Stahl $M$ von 0,2% C und 1% Mn durchgeführt. Bei $k=1$ tragen wir die effektive Zugfestigkeit $s_{II} = AB = 1$ des ungekerbten Stabes auf und beziehen alle Größen auf diesen

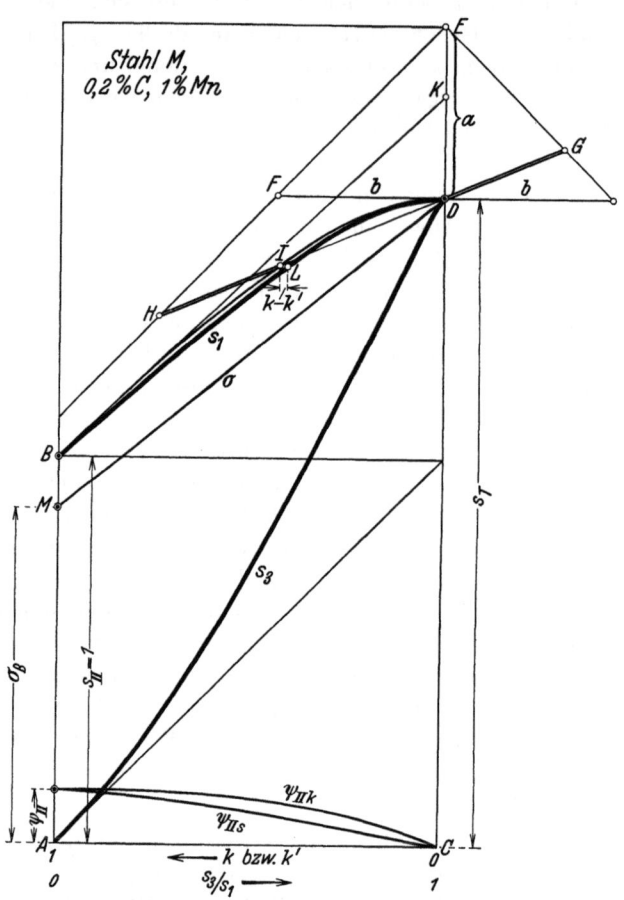

Abb. 33. Konstruktion der Kurven für die effektive Zugfestigkeit $s_1$ und die seitlichen Spannungen $s_3$ im Bereiche dreidimensionalen Zugs unter der Voraussetzung gleichmäßiger Spannungsverteilung. (Die korrigierte $s_1$-Kurve und die $s_3$-Kurve beziehen sich auf die Abszisse $k'$, während die $s_1$-Hyperbel und alle übrigen Kurven sich auf $k$ beziehen. Werkstoff: Stahl $M$; $\sigma_B = 57$ kg/mm², $\psi_{II} = 13,8\%$, $s_{II} = 66,1$ kg/mm², $s_T = 110,5$ kg/mm².

Wert. Bei $k=0$ sei die Trennfestigkeit $s_T = CD$ aufgetragen. Mit den Achsenabschnitten der Hyperbel

$$DE = a = \frac{s_T(s_T-1)(\sigma_B-1)}{2s_T\sigma_B - s_T - \sigma_B}$$

und

$$DF = b = \frac{a}{\sqrt{(a+s_T-1)^2-a^2}}$$

lassen sich die Asymptoten einzeichnen und mit ihnen die Konstruktion der Hyperbel leicht durchführen, weil sie auf einem durch $D$ gehenden zwischen $FD$ und $BD$ liegendem Strahlenbündel gleiche von der Asymptote aus gemessene Stücke, z. B. $DG = IH$ abschneidet. Außerdem sind $FD$ und $BK$ Hyperbeltangenten ($CK = \dfrac{s_T}{\sigma_B}$, vgl. S. 23). Die Korrektur $JL = k-k'$ ermittelt sich aus Gleichung (9), für welche $s_1$ aus der konstruierten Hyperbel $BJD$ und $\sigma$ aus der $\sigma$-Geraden $MD$ für $k$ abgegriffen werden kann. Die so korrigierte

— 27 —

$s_1$-Kurve bildet zusammen mit der eingezeichneten $s_3$-Kurve [Gleichung (2a)] die Grundlage für die Spannungskreise, die in Abb. 34 mit der Einhüllenden umgeben sind.

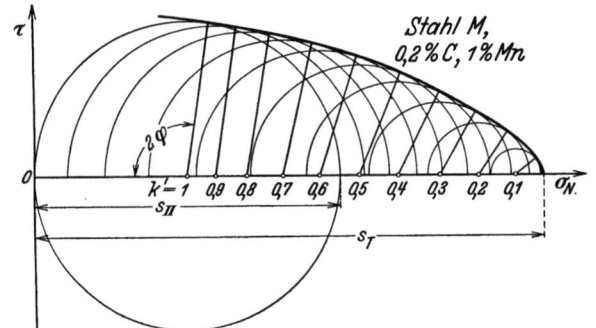

Abb. 34. Konstruktion der Hüllkurve aus den Mohrschen Spannungskreisen. Der Kreisdurchmesser ist für jeden Wert von $k'$ gleich der Differenz $s_1 - s_3$; die Spannungen $s_1$ und $s_3$ sind aus Abb. 33 abzugreifen. Der Kreismittelpunkt hat die Abszisse $(s_1 + s_3)/2$. Werkstoffkonstanten sind: Trennfestigkeit $s_T$, effektive Zugfestigkeit $s_{II}$ und Zugfestigkeit $\sigma_B$ (siehe Abb. 33).

Diese ergibt unmittelbar den Verlauf des Schubwiderstandes bei zunehmender Normalspannung. Wird diese gleich der Trennfestigkeit, so ist der Schubwiderstand gleich Null geworden. Aus der Hüllkurve ist nun auch der jeweilige doppelte Gleitwinkel $2\varphi$ bekannt. Es ist

$$\sin 2\varphi = \frac{2\tau}{s_1 - s_3}. \qquad (13)$$

### d) Kritische Folgerungen für die Trennfestigkeit.

In Abb. 35 sind verschiedene Stoffe eingezeichnet. Es fällt hierbei auf, daß bei kaltgereckten Werkstoffen der Schubwiderstand bei Zunahme der Kerb- bzw. der räumlichen Wirkung zunächst zunimmt (die Kurve bildet ein Maximum). Dies dürfte auf eine Blockierungserscheinung zurückzuführen sein, indem mit zunehmender räumlicher Wirkung die sich bildenden Gleitebenen eine immer abweichendere Richtung von derjenigen der mit vorangehender Kaltverformung, also angenähert linearer Beanspruchung, schon ausgebildeten Gleitebenen einnehmen müssen. Auf Grund dieser Erscheinung wäre dann auch die Erhöhung der Trennfestigkeit bei kaltgereckten Stoffen zu erklären.

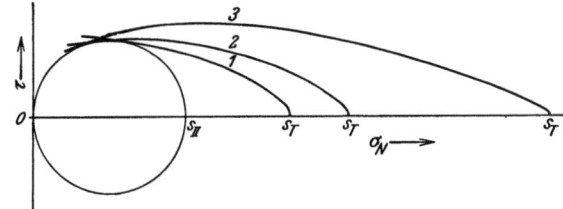

Abb. 35. Hüllkurven geglühter und kaltgereckter Werkstoffe. Nur bei ausgeglühten Werkstoffen (Kurve 1) ergibt die Umhüllende richtige Schubspannungen und Gleitwinkel.
1 = Stahl M geglüht, 2 = Aluminium $H.Al.$ nicht hinreichend ausgeglüht, 3 = Aluminium $H.Al.$ kalt gewalzt.

Aus dem gleichen Grunde ist aber die Hüllkurve nicht mehr gültig. Da bei Veränderung des Spannungszustands die sich neu bildenden Gleitebenen die schon von der Vorbehandlung her vorhandenen stets unter einem anderen Winkel kreuzen müssen, so findet gewissermaßen jeder durch die einzelnen Spannungskreise gekennzeichnete Spannungszustand einen anderen Materialzustand vor. Damit ist aber der Gedanke der gemeinsamen Umhüllung nicht mehr berechtigt. Es wäre nicht aussichtslos, Gleitwinkel und Schubspannungen auch für kaltgereckte Werkstoffe in gesetzmäßiger Form zu ermitteln. Da alsdann auch der Winkel zwischen der Richtung der ersten Hauptspannung und der Wirkungsrichtung der plastischen Vorbeanspruchung berücksichtigt werden muß, so würde die Untersuchung sehr ausgedehntes Versuchsmaterial erfordern, was den Rahmen der vorliegenden Aufgabe zu weit überschritten hätte.

Trotz dieser Einschränkung des Gültigkeitsbereichs führt diese Erscheinung zu einer interessanten Kritik. Untersuchen wir den Grenzfall, bei welchem die Hüllkurve gerade kein Maximum mehr bildet, so finden wir als angenäherte Bedingung hierfür, daß bei $k=1$ die Tangente an die $s_1$-Hyperbel parallel der Tangente an die $s_3$-Kurve verlaufen muß, weil alsdann der Durchmesser der Spannungskreise $s_1 - s_3$ sich zuerst kaum ändert (Abb. 33). Die Richtung der ersteren Tangente ist nach früherem (S. 26) $= \frac{s_T}{\sigma_B} - 1$. Der Differentialquotient für $k' = 1$ in Gleichung (2a) ist $= 1$. Also folgt für die, den Grenzfall bedingende Parallelität beider Tangenten: $\frac{s_T}{\sigma_B} - 1 = 1$ oder der Grenzfall tritt ein, wenn $s_T = 2\sigma_B$ wird. Für einen geglühten Werkstoff ist mithin die Bedingung

$$s_T \gtreqless 2\sigma_B. \qquad (14)$$

Dies Gesetz wurde schon früher experimentell bestätigt gefunden. Es ergab sich, daß bei geglühten Werkstoffen mit genügendem Dehnungsvermögen stets $s_T = 2\sigma_B$ war[8].

Nun wollen wir unter dem gleichen Gesichtswinkel die Bedingung dafür suchen, daß bei gleichbleibendem Stabdurchmesser $D$ und zunehmender Kerbtiefe die Last zur Überwindung der Festigkeit nicht ansteigen darf. Das ist solange selbstverständlich, als nicht etwa ein festigkeitsmehrender Einfluß wie die soeben beschriebene Blockierungserscheinung hinzutritt. Wenn also die bei $k=0$ auf null zustrebende Lastkurve für $k<1$ nicht vorübergehend anwachsen, also kein Maximum durchschreiten darf, so darf in der Beziehung $P = \sigma \cdot k$ nur für den Fall, daß $k \geqq 1$ ist, die Ableitung $-\frac{dP}{dk} = 0$ werden. Nun ist als Folge der geradlinigen Abhängigkeit vom Kerbwinkel $\omega$ und von der relativen Kernfläche $k$

$$\sigma_{\omega, k} = \left[s_T - k(s_T - \sigma_B) + \frac{\sigma_B \omega}{180 - \omega}\right] \frac{180 - \omega}{180}. \qquad (15)$$

Damit ergibt sich

$$-\frac{dP}{dk} = -\left[s_T - 2(s_T - \sigma_B)k + \frac{\sigma_B \omega}{180 - \omega}\right] = 0.$$

Und

$$s_T = \sigma_B\left[1 + \frac{180}{180 - \omega}\right].$$

Da in unserem System der Kerbwinkel $\omega = 0$ ist, so folgt als Bedingung dafür, daß die Traglast des Kernquerschnittes nicht größer ist als diejenige des ungekerbten Stabes, wiederum die Gleichung (14).

Ist aber bei kaltverformten Werkstoffen $s_T > 2\sigma_B$, so folgt für die relative Kernfläche $k$, bei der das Maximum der Last auftritt:

$$k = \frac{s_T + \frac{\sigma_B \omega}{180 - \omega}}{2(s_T - \sigma_B)}. \qquad (16)$$

Als praktisches Beispiel wurde einem kaltgezogenen Aluminiumstab von $s_T = 2{,}84\,\sigma_B$ eine Kerbzugprobe entnommen und so tief eingekerbt, daß die relative Kernfläche den Wert nach Formel (16) erhielt. Der Stab riß tatsächlich neben der Kerbe (Abb. 36). In diesem Zusammenhang ist es interessant zu erfahren, daß bei kaltgewalztem Kupfer auch der Schwingungsbruch außerhalb zweier Kerben geringer Tiefe erfolgte (Abb. 37)[29].

Zusammenfassend ergibt sich hinsichtlich der Trennfestigkeit: Das entwickelte Schub-Trennwiderstandsgesetz (Hüllkurve) für den räumlichen Spannungszustand gilt nur für ausgeglühte Metalle. Für einen ausgeglühten dehnbaren Werkstoff gilt die Bedingung, daß seine Trennfestigkeit $s_T$ nicht größer als die doppelte Zugfestigkeit $\sigma_B$ ist.

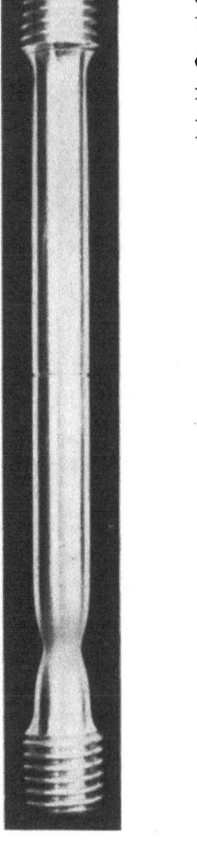
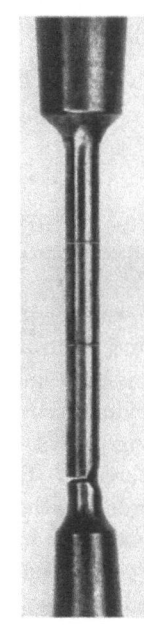

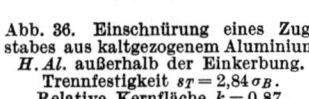

Abb. 36. Einschnürung eines Zugstabes aus kaltgezogenem Aluminium H. Al. außerhalb der Einkerbung. Trennfestigkeit $s_T = 2{,}84\,\sigma_B$. Relative Kernfläche $k = 0{,}87$.

Abb. 37. Schwingungsbruch bei kaltgewalztem Kupfer außerhalb zweier Einkerbungen. (Nach K. Memmler und K. Laute.)

Durch Kaltrecken wird die relative Trennfestigkeit zusätzlich erhöht. Als Ursache für die Erhöhung wird eine Blockierung in den banalen Gleitflächen erkannt. Die Kohäsionsverfestigung durch Kaltrecken läßt sich soweit steigern, daß ein vorgereckter Stab außerhalb der Kerbe reißen kann. Kerbtiefe und Kerbwinkel sind für diesen Fall errechenbar.

### e) Gleitflächenmechanismus und Schubwiderstandsgesetz.

Um aber darzulegen, daß der Gleitmechanismus in der gekerbten Probe mit der Gültigkeit des Hüllkurvengesetzes nicht in Widerspruch steht, wollen wir ihn einer weiteren Betrachtung unterziehen.

Legen wir unter verschiedenen gedachten Gleitwinkeln $\varphi_1$ (Winkel zwischen Zugachse und Gleitfläche) Ebenen durch den Systemmittelpunkt der Kerbzugprobe (Mittelpunkt des Kernquerschnitts) und errechnen den Flächeninhalt, so läßt sich die von der effektiven Zugspannung $s_1 = 1$ erzeugte Schubspannung in allen diesen Ebenen

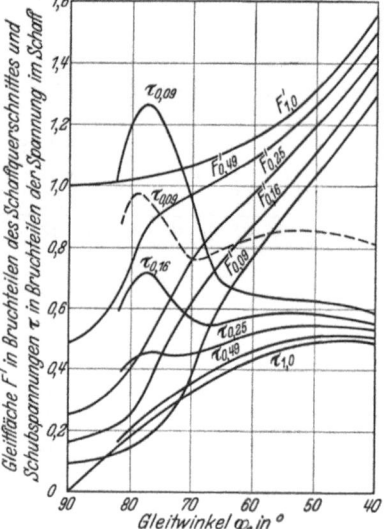

Abb. 38. Kerbwinkel 60°.

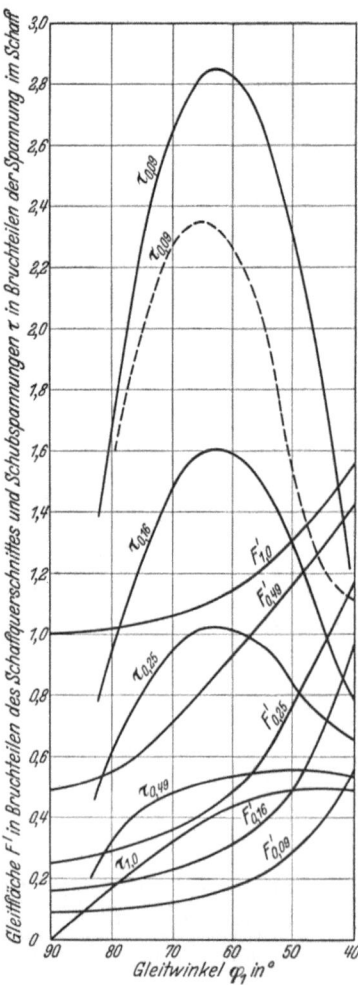

Abb. 39. Kerbwinkel 120°.

Abb. 38 und 39. Gleitflächengröße und Schubspannungen in Kerbzugproben mit Kerbwinkeln von 60° bzw. 120° bei Annahme ebener Gleitflächen und verschiedener Gleitwinkel. Die Gleitflächen gehen durch den Mittelpunkt des Kernquerschnitts. ------ = Schubspannungsverlauf für eine Gleitfläche, die durch einen Peripheriepunkt des Kernquerschnitts geht. Die Zahlenindizes geben die relative Kernfläche $k$ an.

ermitteln. Es ergibt sich dann für die beiden als Beispiel gewählten Kerbwinkel von 60 und 120° das in Abb. 38 und 39 dargestellte Bild des Verlaufs der Flächengröße

F' und der Schubspannungen $\tau$. Vorausgesetzt, daß das Abschieben auch wirklich in Ebenen und nicht in gekrümmten Flächen verläuft, ist für den wirksamen Gleitwinkel das Maximum von $\tau$ maßgebend. Nun sehen wir in Abb. 38, daß bei geringer Kerbtiefe, also großer relativer Kernfläche das Maximum bei etwas mehr als 45° liegt, während bei einem Gleitwinkel $\varphi_1 = 77{,}5°$ sich ein zweites Maximum herausbildet, welches mit zunehmender Kerbtiefe immer größer wird und schließlich das erstere an Größe überholt. Das linke Maximum betrifft Schnittebenen, die nur die Kerbflanke schneiden, während beim rechten Maximum die Schnittebenen auch durch den zylindrischen Stabschaft gehen. Die Gleichheit beider Maxima läßt für die entsprechende Kerbtiefe zwei mögliche Gleitwinkel zu. Daß diese Möglichkeit auch Wirklichkeit werden kann, zeigt die Abb. 40, nach welcher die obere Probenhälfte nach dem großen Gleitwinkel, die untere nach dem kleineren Gleitwinkel geflossen ist, so daß sich unten der Schaft stark mitverformt hat. Beim linken Maximum in Abb. 38 und 39 bleibt der Gleitwinkel bei veränderlicher Kerbtiefe konstant und ist demnach nur vom Kerbwinkel $\omega$ abhängig. Diesen Fall, welcher der weniger komplizierte und der häufigere ist, wollen wir weiter verfolgen.

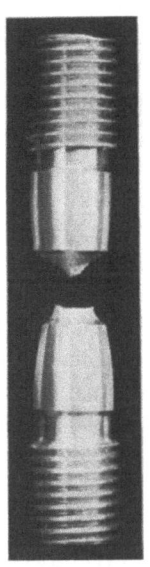

Abb. 40. Unsymmetrische Einschnürungen bei Kerbzugproben aus Aluminium. Die stärker verformte untere Hälfte wird durch einen kleineren Winkel $\varphi_1$ zwischen Gleitfläche und Stabachse hervorgerufen.

Wir sind damit in der Lage, ohne Rücksicht auf die Kerbtiefe den Gleitwinkel in Abhängigkeit vom Kerbwinkel einzuzeichnen (Abb. 41). Und nehmen wir an,

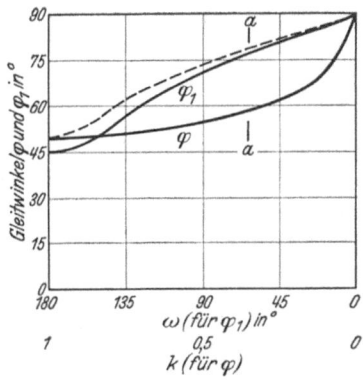

Abb. 41. Abhängigkeit des Gleitwinkels $\varphi$ bzw. $\varphi_1$ vom Kerbwinkel $\omega$ bzw. von der relativen Kernfläche $k$.
$\varphi$ = Gleitwinkel nach dem Hüllkurvengesetz, $\varphi_1$ = nach dem Gesetz der günstigsten ebenen Gleitfläche. ---- = $\varphi_1$ unter gleichzeitigem Einfluß des Hüllkurvengesetzes.

daß die relative Kernfläche $k = 0$ sei, so ist das System hinsichtlich der Festigkeitswirkung im Kern gleichbedeutend mit dem System: Kerbwinkel $\omega = 0°$, $k$ veränderlich. Für dieses letztere System kennen wir nun die aus der Hüllkurve (Abb. 34) entnommenen Gleitwinkel im Kern und zeichnen ihre Größe ebenfalls in Abb. 41 ein.

Jetzt können wir nachprüfen, ob beide Ergebnisse sich vertragen. Für einen beliebig gewählten Zustand $a$—$a$ in Abb. 41 hätten wir demnach nach dem Hüllkurvengesetz einen kleineren Gleitwinkel $\varphi$ als nach dem Gesetz der meistbegünstigten Gleitfläche ($\varphi_1$). Da das Hüllkurvengesetz nur für den Kernquerschnitt gilt, während die meistbegünstigte Gleitfläche bis in die Flanken reicht, so kommt man zu der in Abb. 42 gegebenen Darstellung einer gekrümmten Gleitfläche. Dabei ist zu berücksichtigen, daß der Gleitwinkel $\varphi_1$ sich nicht wesentlich ändert, wenn die Gleitebene wie in der Abbildung, nicht mehr durch den Systemmittelpunkt der Probe geht, sondern in axialer Richtung etwas verschoben wird. Aus den Abb. 38 und 39 geht nämlich hervor, daß eine Gleitebene, die durch die Peripherie des Kernquerschnitts geht, das Maximum bei fast genau dem gleichen Gleitwinkel bildet (gestrichelte Kurve).

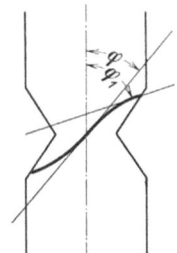

Abb. 42. Schematisches Entstehungsbild einer gekrümmten Gleitfläche unter Einwirkung der Gleitwinkel $\varphi$ (Hüllkurvengesetz) und $\varphi_1$ (Gesetz der günstigsten Gleitfläche).

Diese gekrümmte Gestalt der Gleitfläche versuchsmäßig nachzuprüfen, gibt es eine Möglichkeit: In den Gleitflächen tritt bei starker Verformung eine Zerrüttung ein, mit welcher der Zusammenhang der Stoffteilchen zerstört wird. Die Bruchfläche fällt daher häufig mit der Gleitfläche zusammen (vgl. S. 42). Am deutlichsten läßt sich diese Erscheinung am Fließkegel eines gewöhnlichen Zugstabes verwirklichen, weil hier die Kerbung (Einschnürung) erst im Verlauf der starken Verformung hervorgerufen wird und daher der Verformungsbereich groß ist, und weil der Anriß hier von der Stabachse ausgeht (Abb. 43).

Da die Gleitfläche nun grundsätzlich gekrümmt ist, so kann der genaue Gleitwinkel $\varphi_1$ nicht mehr aus dem entwickelten ebenen Gleitmechanismus entnommen werden. Die Neigung der Gleitfläche zur Stabachse richtet sich außer nach der resultierenden Schubspannung nach dem Inhalt einer möglichst kleinen Durchdringungsfläche, daher wird sie ganz von der zufälligen Gestalt des beanspruchten Körpers abhängen und kann in Sonderfällen sehr stark von der entwickelten ebenen

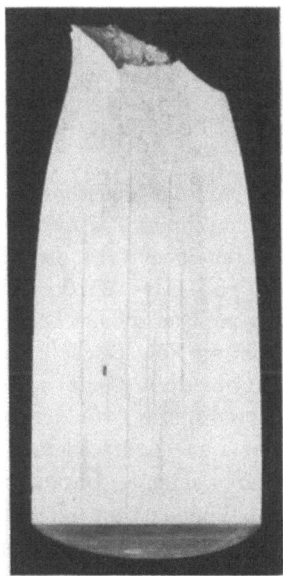

Abb. 43. Gekrümmte Gleitfläche im Fließkegel einer Zugprobe aus Stahl. Entstehung nach Abb. 42.

Gesetzmäßigkeit abweichen. Außerdem wird sie stets auch noch der Einwirkung einer Überlagerung des Schubwiderstandsgesetzes unterliegen. Wir wissen ja schon aus der Erfahrung, daß am ungekerbten Zugstab das Gleiten nicht unter dem theoretischen Gleitwinkel von 45° auftritt, sondern unter der Einwirkung größerer Normalspannung und geringerer Schubspannung bei einem größeren Winkel, welcher beispielsweise aus Abb. 34 oder Gleichung (13) entnommen werden kann. In Abb. 41 würde hiernach die $\varphi_1$-Linie links in den Anfangswert der $\varphi$-Linie einmünden müssen (gestrichelt gezeichnet).

Den Gleitwinkel $\varphi_1$ der günstigsten Gleitfläche benötigen wir indessen nicht weiter, uns interessiert nur die Tatsache, daß die auf besonderen Gesetzen beruhende Gleitflächenbildung die Gültigkeit des Schubwiderstandsgesetzes im Kernquerschnitt nicht beeinträchtigt; denn hier liegen ja die Bedingungen eindeutig fest. Wir wissen sogar aus der Geradlinigkeit der Festigkeit sowohl mit wechselndem Kerbwinkel als auch veränderlicher Kerbtiefe, daß für den Kernquerschnitt derselbe räumliche Spannungszustand und damit auch derselbe Gleitwinkel $\varphi$ durch verschiedene nach Kerbwinkel und Kerbtiefe definierte Kerbformen erreicht werden kann. Diese Austauschbarkeit gilt aber nicht für den Gleitwinkel $\varphi_1$ der rechnerisch günstigsten Gleitfläche, der eine von Kerbwinkel und Kerbtiefe verschiedene Abhängigkeit besitzt.

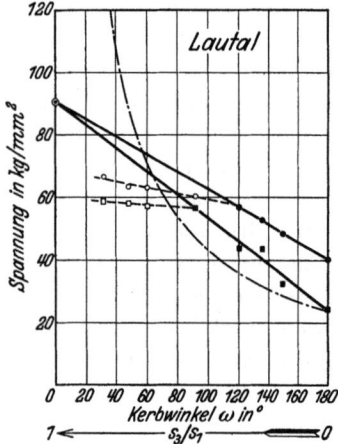

Abb. 44. Verlauf von Festigkeit und natürlicher Streckgrenze bei Kerbzugproben mit Abnahme des Kerbwinkels. Die bei der relativen Kernfläche $k = 0{,}09$ ermittelten Werte wurden auf $k = 0$ extrapoliert und eingezeichnet (aus Abb. 24).
● = Festigkeit, ■ = natürliche Streckgrenze, ○, □ = gestörte Werte, ⊙ = Trennfestigkeit, —·—·— = theoretischer Verlauf der Streckgrenze nach der Gestaltsänderungsenergiehypothese.

An der meistbeanspruchten Stelle des gefährlichen Querschnittes wird die Überwindung des Widerstands unter einem nach dem Hüllkurvengesetz bestimmbaren Gleitwinkel eingeleitet. In dem, dem gefährlichen Querschnitt benachbarten Volumen richtet sich der erst als Folgeerscheinung sich ausbildende Gleitwinkel nach dem Gesetz der günstigsten Gleitfläche, deren Bildung von der resultierenden Schubspannung und einer möglichst kleinen Durchdringungsfläche des Körpers abhängt. Daraus folgt eine gekrümmte Gleitfläche.

Vom Kernquerschnitt geht mithin das Versagen des Werkstoffes aus. Daher bilden hier die Vorgänge die Grundlage für eine versuchsmäßige und rechnungsmäßige Erfassung der Festigkeit. Der die übrigen Querschnitte durchdringende Gleitflächenmechanismus hat nunmehr eine sekundäre Bedeutung ohne wesentliche praktische Belange. Sind in der Praxis die Spannungen ungleichmäßig über dem gefährlichen Querschnitt (Kernquerschnitt) verteilt, so gilt das entwickelte — von den Einflüssen der ungleichmäßigen Spannungsverteilung eliminierte — Schubspannungsgesetz unter der jeweiligen örtlichen Spannung, also auch unter der Spannungsspitze.

## f) Fließbeginn.

Wir haben bisher nur die Festigkeit (Lastenmaximum), nicht aber, die für die Konstruktion so wichtige Streckgrenze untersucht. Betrachtet man den Verlauf der ausgeprägten (natürlichen) Streckgrenze im Vergleich zu demjenigen der Festigkeit in Abb. 44, so findet man ein ganz analoges Verhalten beider Kennziffern im Bereich zwischen linearer und allseitig gleicher Zugbeanspruchung. Und zwar sowohl hinsichtlich der gestörten als auch der ungestörten, nach der Trennfestigkeit hin geradlinig verlaufenden Werte. Diese Übereinstimmung der Vorgänge bedeutet eine Bekräftigung der Anschauung, daß wir es an der natürlichen Streckgrenze mit einer Festigkeitsüberwindung eines spröden Bestandteiles zu tun haben[30], welcher infolge der Nachgiebigkeit des ihn umgebenden plastischeren Materials überlastet ist. Mit zunehmender räumlicher Wirkung wird aber auch die Verformung des plastischen Bestandteiles mehr und mehr unterbunden und das Verhalten beider Bestandteile wird damit ein ausgeglicheneres. Infolgedessen nähert sich in Abb. 44 die Streckgrenzengerade immer mehr der Festigkeitsgeraden, bis sie sich schließlich im Trennfestigkeitspunkt schneiden.

Mit Rücksicht auf den Festigkeitscharakter müßte sonach im räumlichen Spannungszustand die natürliche Streckgrenze nach der Festigkeits-Hüllkurve verlaufen; man kann sie nur deshalb nicht erfassen, weil man den wahren Querschnitt des spröden Bestandteiles im Gesamtquerschnitt nicht kennt. Zwar hat v. Karman für allseitigen Druck bei Marmor die verschiedenen Dehngrenzen zugehörigen Hüllkurven ermittelt[31], jedoch könnte man mit Rücksicht auf die stark heterogene Zusammensetzung des Marmors im Zweifel sein, ob die daraus zu entnehmenden Schubspannungen dem Konglomerat wirklich entsprechen.

Haben wir es aber mit einem ausgeglühten reinen Metall zu tun, so liegt der Fließbeginn so tief, daß die Entwicklung einer Gesetzmäßigkeit sich praktisch wie theoretisch nicht verlohnt. Und ist die Streckgrenze eines reinen Metalls durch Vorrecken gehoben, so ist, wie wir früher sahen, das Hüllkurvengesetz nicht gültig.

Ein Schubspannungsgesetz für den Fließbeginn ist aus genannten Gründen also praktisch nicht möglich. Es läßt sich aber für Zugbeanspruchungen die Streckgrenze als größte Hauptspannung in Abhängigkeit vom räumlichen Spannungszustand ermitteln: Aus der geradlinigen Beziehung in Abb. 44, aus der Austauschbarkeit von relativer Kernfläche $k$ und Kerbwinkel $\omega$ hinsichtlich der Festigkeitswirkung und unter Zuhilfenahme von Gleichung (2a) und (2b) folgt für die Streckgrenze im räumlichen Spannungszustand

$$\sigma_{Ik} = \sigma_I + \frac{s_3}{s_1}(s_T - \sigma_I). \qquad (17)$$

Hierin bedeutet $\sigma_I$ die natürliche Streckgrenze des ungekerbten Zugstabes. Die Formel läßt sich nach bisherigen Versuchsergebnissen mit genügender Genauigkeit auch für jede konventionelle Streckgrenze vorgereckter reiner Metalle anwenden.

# II. Teil.
# Anwendung.

## 6. Praxis des Kerbzugversuchs*.

Die Notwendigkeit, die gekerbte Zugprobe für das Prüfwesen heranzuziehen, wurde schon zeitig empfunden (Barba 1894, Retjö 1899, Gallik 1900, Martens 1901, Rudeloff 1902, Heyn 1906), aber immer wieder ist diese Probe als „unverläßlich, empfindsam, mühsam und kostspielig" verworfen worden; bis Ludwik der Kerbzugprobe wieder eine neue Bedeutung beigemessen hat[32].

Zu den vielen Einflüssen, welche das klare Bild der Festigkeitserscheinungen an dieser Probe verschleiern, gehören nicht nur die Einwirkungen des räumlichen und inhomogenen Spannungszustandes auf die Festigkeit, sondern besonders auch die aus einer unzweckmäßigen Probenfertigung sich ergebenden erheblichen Störungen der wahren Festigkeit. Diese letztgenannten Einflüsse dürften in ihrer weittragenden Bedeutung für alle Versuchsgebiete, die sich mit der Prüfung gekerbter Proben befassen, nicht bekannt sein. Auf sie soll hier vornehmlich eingegangen werden, während die methodische Anwendung des Kerbzugversuchs für das Prüfwesen insbesondere für die Trennfestigkeitsbestimmung in den nachfolgenden Abschnitten behandelt werden soll.

### a) Probenform.

Aus Gründen des Systems in wissenschaftlichen Untersuchungsreihen, des notwendigen Geltungsbereichs im gesamten Gebiet zwischen einachsigem und polarsymmetrischem Spannungszustand, des Grundsätzlichen in der Kerbforschung und endlich einer eindeutigen Probenfertigung wird als Probenform der Zylinderstab mit umlaufender Dreieckskerbe gewählt, bei welcher sowohl der Kerbwinkel als auch die Kerbtiefe veränderlich gestaltet wird (Abb. 45). Daher können hier nicht spezielle im Maschinenbau übliche Kerbformen (z. B. Kreis, Viereck) besondere Beachtung erfahren. Um aber für allgemein wissenschaftliche Ziele als auch für die methodische Kohäsionsprüfung eine weite Auswahl von Proben zu ermöglichen, wird bei den Anfertigungsregeln auf einen großen Bereich der Kerbtiefen- und Kerbwinkelveränderung Rücksicht genommen.

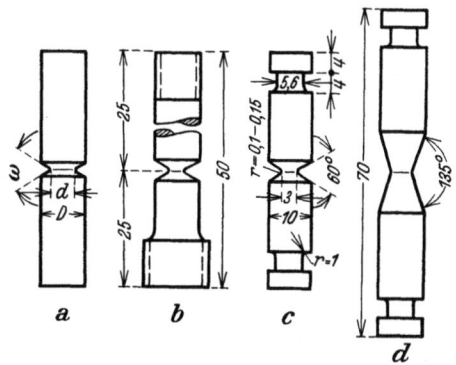

Abb. 45a bis d. Kerbzugproben mit verschiedenen Einspannköpfen. a Glatte Probe; b Gewindeprobe mit kleinerem und größerem Gewindekern als der Schaftdurchmesser; c und d Nutenproben. Die eingeschriebenen Maße entsprechen der Normalprobenform für die technische Kohäsionsermittlung.

Für die Einspannung der Proben in die Prüfmaschine sind die Probenköpfe entweder glatt ausgebildet oder mit Gewinde oder Ringnute versehen (Abb. 56). Wegen der ungünstigen Einwirkung großer Proben auf die Festigkeitsverhältnisse bei kerbempfindlichen Werkstoffen (S. 12) soll im Einklang mit der Kohäsionsprüfmethode der Stabdurchmesser $D$ nicht mehr als 10 mm betragen. Für kleine Kerbwinkel genügt dann eine Probenlänge von 50 mm; ein Einfluß auf die Festigkeit ist bei dieser sparsamen Länge nicht zu befürchten (Tafel I). Bei Kerbwinkeln über 100° beträgt die Probenlänge (aus Fertigungsrücksichten) 70 mm. Der Abrundungs-

---

* Original: Metallwirtsch. Bd. 11 (1932) S. 179—184.

Tafel I. Festigkeit von Kerbzugproben bei verschiedener Probenlänge. Kerbwinkel = 60°, Stabdurchmesser D = 10 mm.

| Werkstoff | Festigkeit in kg/mm² bei den übergeschriebenen Probelängen in mm | | | | | Kerndurchmesser $d$ mm | Relative Kernfläche $k = \dfrac{d^2 \pi/4}{D^2 \pi/4}$ | Art der Einspannung |
|---|---|---|---|---|---|---|---|---|
| | 38 | 40 | 50 | 70 | 100 | | | |
| Stahl, 0,7% C, 900° C geglüht, Luft gekühlt | — | — | 111,3 | 110,7 | 111,9 | 5 | 0,50 | glatte Probe |
| Stahl, 0,2% C, 1% Mn, Anlieferung | 90,0 | — | 89,7 | — | 90,5 | 3 | 0,09 | Nutenprobe |
| Duralumin, 681 B, veredelt | — | 54,3 | — | 57,4 | 57,4 | 7 | 0,55 | Gewindeprobe |
| Elektron | — | 37,1 | — | 38,2 | 37,0 | 7 | 0,55 | Gewindeprobe |

radius für die Kerbspitze soll 0,1 bis 0,15 mm am Drehstahl betragen. Ist er geringer (z. B. 0,025 bis 0,05), so bewirken die Spannungsspitzen insbesondere in Verbindung mit kleinen Kerbwinkeln einen vorzeitigen Anriß in der Kerbe und damit eine zu geringe Festigkeit (Abb. 51). Eine zu große Abrundung würde die festigkeitsmehrende Einwirkung des räumlichen Spannungszustandes mildern und dadurch ebenfalls die Zugfestigkeit verringern. Das angegebene erprobte Maß der Spitzenabrundung ist auch für das Eindrehen der Kerbe am zweckmäßigsten, da es zur Gepflogenheit des Drehers gehört, eine zu scharfe Rückenkante am Drehstahl etwas abzuziehen, um ein übermäßig spitzes Drehstahlprofil zu mildern.

### b) Probenfertigung*.

Besondere Sorgfalt ist dem Einstechen der Kerbe zuzuwenden. Dies geschieht zuletzt, nachdem die Probe einschließlich des Gewinde-, Nuten- oder glatten Kopfes fertiggestellt ist. Es ist nicht notwendig, die zylindrische Mantelfläche des Stabes zu polieren; es genügt, sie zu schlichten. Nur bei der Nutenprobe muß der Durchmesser $D$ des Stabes auf $\pm 0,05$ mm genau eingehalten werden, weil der Schaft die Zentrierung der Probe in der Einspannung zu übernehmen hat (Abb. 56). Da der Stabquerschnitt nicht tragender Querschnitt ist, so ist bei den übrigen Einspannformen eine übergroße Genauigkeit in der Einhaltung eines genauen Stabdurchmessers nicht erforderlich.

Von bedeutendem Einfluß für die Wahl der Einspannköpfe sind die Herstellungskosten. Eine Probe mit Gewindekopf erforderte eine Arbeitszeit von etwa $2^1/_2$ Stunden, eine glatte Probe nur $1^1/_4$ Stunden,

---
* Bei der Durcharbeitung der Anfertigungsregeln und der Einspannteile für die Proben wurde ich in dankenswerter Weise vom Werkstattleiter Herrn A. Barghoorn und dem Mechaniker Herrn F. Lange unterstützt.

eine Probe mit Nutenkopf $1^1/_2$ Stunden. Nicht eingerechnet ist hierbei der Zeitaufwand, um das angelieferte Material bis auf einen Zylinder von etwa 1 mm größerem Durchmesser, als ihn die endgültige Probe besitzt, vorzuarbeiten. Vergleichenderweise benötigt ein gewöhnlicher, aber kleiner Zugstab mit hohlkehlförmigem Übergang vom Stabkopf zum zylindrischen Teil etwa $3^1/_2$ Stunden Fertigungszeit. Bei glattem oder Nutenkopf ist ohne Anrechnung der Vorarbeit die Arbeitszeit für die Kerbzugprobe also nur auf etwa ein Drittel derjenigen des Zugstabes zu veranschlagen.

Von den gewählten Einspannköpfen sind der glatte Kopf für die Einspannung im Zangenfutter (Keileinspannung) und der Gewindekopf (Abb. 45 und 56) so geläufige Formen, daß es sich erübrigt, über ihre Anfertigung etwas zu sagen. Beim Nutenkopf ist die Nute mit einem fertigen Profilstahl von der Form der Nute schnell eingestochen.

Abb. 46a. Richtiges Einstechen der Kerbe auf der Drehbank: Einseitige Einspannung der Probe im Zangenfutter, Spanzustellung parallel der dem Zangenfutter abgewandten Flanke. Abheben des Spans nur an der dem Zangenfutter zugewandten Flanke.

Abb. 46b. Falsches Einstechen der Kerbe auf der Drehbank: Lagerung der Probe zwischen Spitzen, Spanzustellung senkrecht zur Probenachse und gleichzeitiges Abheben des Spans an beiden Flanken.

Für das Einstechen der Kerbe ist grundsätzlich zu beachten, daß die Probe wegen der Durchbiegungsmöglichkeit nicht zwischen Spitzen gedreht werden darf. Sie muß stets mit nur einer Hälfte und bis möglichst weit an die Kerbe heran von einem gutzentrierten Zangenfutter gefaßt werden (Abb. 46a und b). Eine weitere Grundbedingung ist, daß das nunmehr freistehende Ende beim Drehen nicht beansprucht werden darf und der Span nur von der Kerbenflanke der eingespannten Probenhälfte abgehoben wird (Abb. 46a).

Dies geschieht nach Abb. 47 in der Weise, daß bei einem Kerbwinkel von beispielsweise 60° der Drehstahl nicht senkrecht zur Probenachse, sondern unter einem Winkel von 30° zur Senkrechten, also parallel einer Flanke an die feststehende Probenhälfte herangeführt wird. Damit hierbei auf diese Flanke keine Kräfte übertragen werden, empfiehlt es sich, einen Drehstahl mit einem Profilwinkel von nur 45° zu nehmen und folgendermaßen zu verfahren: Der Obersupport der Drehbank wird bis auf 30° zur Achsenquerrichtung der Probe herumgewendet und nötigenfalls mit einem Winkelmesser ausgerichtet. Nachdem der Obersupport in dieser Lage festgehalten ist, wird mittels seiner Klaue der Drehstahl so festgespannt, daß er um $\frac{60°-45°}{2}=7{,}5°$ von der Senkrechten zur Probenachse abweicht. Dies geschieht mit Hilfe des auf 82,5° eingestellten Winkelmessers, indem man den einen Schenkel an die Pinole des Reitstockes

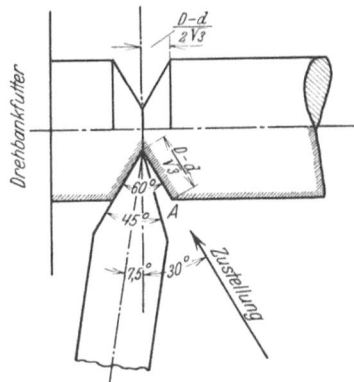

Abb. 47. Stellung des Schneidzahns bei Spanzustellung parallel einer Flanke, bei einem Kerbwinkel von 60° und einem Profilwinkel des Schneidzahns von 45°.

(Probenachse) anlegt und die Achse des Drehstahls parallel zum anderen Schenkel einstellt*. Jetzt wird der Support auf dem Drehbankbett so weit verschoben, daß die Spitze des Drehstahles dem Punkt $A$ gegenübersteht, welcher auf der Mantelfläche in einem Punkte von $(D-d)/2\sqrt{3}$ mm** von der Mitte der Probenlänge entfernt liegt. Hat man dann die Drehstahlspitze mit Hilfe beider Supportspindeln so weit herangeführt, daß sie am Punkt $A$ den Mantel berührt — was man daraus sieht, daß sie einen zarten Riß beim Drehen erzeugt —, wird die Ablesetrommel am Obersupport auf 0 eingestellt. Nun beginnt vom Punkt $A$ aus lediglich mit dem Obersupport (der Untersupport bleibt stehen) das Einstechen, wobei nur die dem Zangenfutter zugewandte Schneidenflanke den Span abhebt, während die andere Schneidenflanke immer um einen Winkel von 7,5° von der Kerbenflanke der freistehenden Probenhälfte absteht.

Der Weg, den der Drehstahl zurückzulegen hat, um die Probe bis auf den vorgeschriebenen Durchmesser $d$ einzustechen, ist dann $(D-d)/2\sqrt{3}$ mm***. Im allgemeinen dürften die an den Drehbänken vorhandenen Teilungstrommeln genügen; denn es kommt auf eine genaue Einhaltung der vorgeschriebenen Kerbtiefe nicht so sehr an, da sie ja nachträglich gemessen wird. Bei kleinen Proben arbeitet aber der Dreher lieber mit einer größeren Teilungstrommel, die leicht an jeder Drehbank anzubringen ist (Abb. 46).

Nach den Erfahrungen empfiehlt es sich, wegen des ungünstigen Spanabflusses, keinen breiteren Span als

---

\* Für die vorliegenden Versuche wurden Gewindeschneidzähne aus Rapidstahl von der Firma Reinecker in Chemnitz verwendet. Versuche über die Brauchbarkeit härterer Schneidewerkzeuge sind noch nicht abgeschlossen.

\*\* $\dfrac{D-d}{2\operatorname{ctg}(\omega/2)}$.

\*\*\* $\dfrac{D-d}{2\cos(\omega/2)}$.

Mitt. Sonderheft XX.

4—5 mm abzunehmen. Bei kleinen Stabdurchmessern bis zu $D = 10$ mm und kleinen Kerbwinkeln bis zu 90° ist das ohne Schwierigkeiten möglich. Will man ausnahmsweise größere Proben anfertigen, so ist eine Spanzerteilung vorzunehmen, indem man das größere Kerbprofil felderweise ausdreht, aber stets so, daß nur die der Einspannung zugewandte Flanke schneidet.

Ebenso ist bei großen Kerbwinkeln aus genanntem Grunde eine Spanzerteilung anzuwenden, wie sie

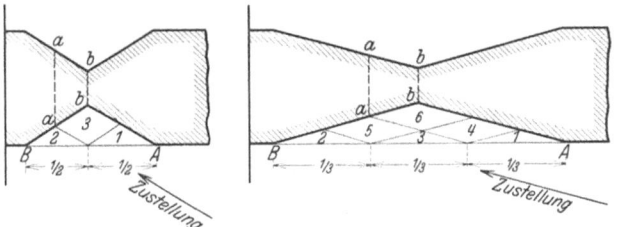

a) Für Kerbwinkel von 100 bis 135°.    b) Für Kerbwinkel von 135 bis 150°.

Abb. 48a und b. Felderweises Einkerben bei großen Kerbwinkeln.

in Abb. 48 schematisch dargestellt ist. Die Anzahl der Felder folgt aus der Begrenzung der Spanbreite auf höchstens 5 mm. Die vorgeschriebene Reihenfolge der einzelnen Felder bezweckt, daß der während des Drehens entstehende gefährlichste Querschnitt $a-a$ unter einem möglichst kleinen Hebelarm beansprucht wird. Das letztzudrehende Feld (3 in Abb. 48a und 6 in Abb. 48b) darf keine kleinere Spanbreite $a-b$ als 3 mm aufweisen, damit der beim Drehen meistbeanspruchte Querschnitt $a-a$ in möglichst weitem Abstand vom Kernquerschnitt $b-b$ zu liegen kommt. Der Kernquerschnitt $b-b$ wird auf diese Weise nicht beansprucht. Errechnet man sich vor dem Eindrehen der Kerbe das Maß $AB = (D-d) \cdot \operatorname{tg}(\omega/2)$ und markiert den Abstand $AB$ auf der Mantelfläche, dann wird bei richtiger Einstellung des Zustellwinkels und der Drehstahlrichtung das Ablesen der Einkerbtiefe an der Teilungstrommel überflüssig. Den Profilwinkel des Schneidzahnes nimmt man bei großen Kerbwinkeln zweckmäßig 10 bis 15° geringer als den Kerbwinkel der Probe*.

Ein Mindestmaß der Beanspruchung des Probenmaterials beim Drehen hängt vom ungehinderten Spanabfluß ab. Diesen erreicht man mit einem verkleinerten

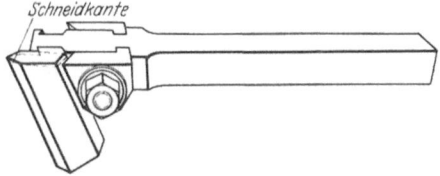

Abb. 49. Schneidzahn im Zahnhalter zum Einkerben der Proben. Die Schleifebene (Brustfläche) ist nicht, wie beim Gewindeschneiden der oberen Seite des Stahlhalters parallel, sondern windschief (gestrichelt angedeutet). Sie bezweckt einen kleinen Meißelwinkel und größeren Spanwinkel an der schneidenden Kante. Die dadurch hervorgerufene geringfügige Veränderung des Winkelprofils der Kerbe kann vernachlässigt werden.

Meißelwinkel und vergrößerten Spanwinkel an der schneidenden Kante nach Abb. 49. Geringe Spandicke (= geringer Vorschub) bei gleichzeitigem größeren Spanwinkel erzeugen einen Fließspan[33]. Das hemmungslose Abfließen des Spans wird außerdem dadurch gefördert, daß der

---

\* Schneidzähne mit einem Profilwinkel von 90° und mehr sind bei der vorgenannten Firma erhältlich.

Profilwinkel des Drehstahles wesentlich kleiner als der Kerbwinkel gestaltet wird (z. B. bei Kerbwinkel = 60°, Profilwinkel = 45°). Jedoch richten sich diese Vorschläge nach dem Werkstoff: Sehr weiche Stoffe erfordern wegen ihrer leichten Verformbarkeit einen spitzeren Meißelwinkel, also größeren Spanwinkel, und kleineren Profilwinkel als harte, bei denen wiederum die Gefahr des Stumpfwerdens der Schnittkante größer ist und die daher etwas größeren Meißelwinkel benötigen.

Eine andere Erfahrung ist, daß bei spitzerem Kerbprofil als 60°, beispielsweise bei 30°, die entsprechend spitzere Drehstahlspitze bei der verlangten einseitigen Beanspruchung seitlich nachgibt, wodurch einmal die spanabgebende Flanke unsauber, anderseits die freistehende Probenhälfte mitbeansprucht wird. Die Festigkeitswerte solcher Proben werden dadurch beeinträchtigt. Kerben mit einem Winkel von 30° lassen sich daher schwer drehen, Kerben von 90° erfordern anderseits einen breiteren Span.

### c) Fehler der Probenfertigung.

Zur Erläuterung der Frage, wie sehr es auf vorschriftsmäßige Spanzustellung ankommt, sollen einige Beispiele gebracht werden. Abb. 50 gibt die außerordentlich verstreut liegenden Festigkeitswerte wieder, nachdem Proben aus Silberstahl bei Spanzustellung senkrecht zur Achse — der Vorschub war hier bei den einzelnen Versuchen ungleichmäßig gewählt — gekerbt wurden. Diese Werte können zu groß ausfallen,

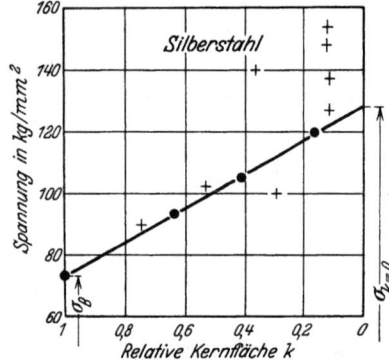

Abb. 50. Festigkeit, bezogen auf den ursprünglichen Kernquerschnitt von verschieden tief gekerbten Proben bei vorschriftsmäßiger Spanzustellung parallel einer Flanke (●) und falscher Spanzustellung senkrecht zur Probenachse (+). Einspannung aller Proben im Zangenfutter. Stabdurchmesser $D = 7$ mm, Kerndurchmesser $d = D\sqrt{k}$, Kerbwinkel $\omega = 60°$.

wenn die von beiden Flanken abfließenden Späne sich im Kerbgrund gegeneinanderstauchen und eine Verfestigung im Kernquerschnitt erzeugen. Die richtigen Werte, die man bei vorschriftsmäßiger Spanzustellung erhält, liegen auf der eingezeichneten geraden Linie. Besonders eindrucksvoll ist Abb. 51, welche zeigt, daß durch die bei falscher Drehweise — hier aber mit gleichmäßig geringem Vorschub — erzielten höheren Festigkeitswerte das Gesetz der Abhängigkeit der Festigkeit vom Kerbwinkel völlig verschleiert wurde (vgl. Versuchsergebnisse[8]).

Es kann aber ebensogut durch Wechselbeanspruchung beim Drehen eine Zerrüttung eintreten, dann wird die Festigkeit zu gering. Die Zerrüttung erfolgt nicht nur durch Hin- und Herbiegen beim Drehen zwischen Spitzen, sondern auch bei einseitiger Einspannung im Zangenfutter, wenn der Span auch von der freistehenden Kerbflanke abgenommen und dann im Kernquerschnitt vornehmlich bei tiefen Kerben ein Biegemoment wirksam wird (Abb. 52). Bei vielen früheren Prüfungen gelang es

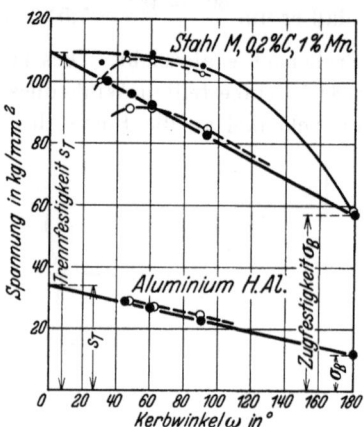

Abb. 51. Abhängigkeit der auf die relative Kernfläche $k = 0$ extrapolierten Kerbfestigkeit $\sigma_{k=0}$ vom Kerbwinkel bei Stahl $M$ und Aluminium $H.Al.$

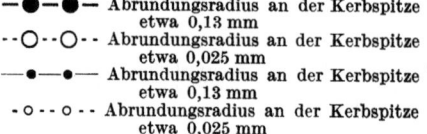

aus diesen Gründen nicht, den richtigen Festigkeitswert zu erreichen, wenn die relative Kernfläche weniger als 0,3 betrug. Auch die Ursache hierfür wurde damals nicht richtig erkannt[7, 8] (siehe auch Diskussion[34]).

Zum Nachweis, daß bei vorschriftsmäßiger Spanzustellung eine Verfestigung im Kernquerschnitt gänzlich fortfällt, wurden nun zwei Stahlproben vor, zwei weitere erst nach dem Einkerben bei 600° ausgeglüht. Wäre infolge des Eindrehens eine Verfestigung hinzugekommen, so hätten die vor dem Einkerben geglühten Proben eine größere Festigkeit ergeben müssen. Die Festigkeit blieb aber nach Tafel II bis auf eine sehr geringe Abweichung von etwa 1% im umgekehrten Sinne unverändert.

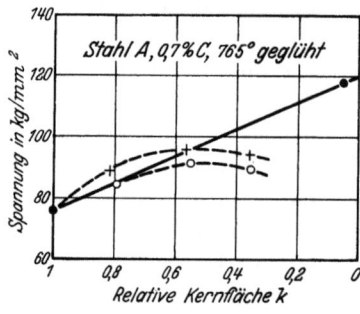

Abb. 52. Festigkeit, bezogen auf den ursprünglichen Kernquerschnitt von verschieden tief gekerbten Proben aus Stahl $A$ bei vorschriftsmäßiger Spanzustellung und Einspannung im Zangenfutter (●) und bei falscher Spanzustellung senkrecht zur Probenachse (+ = Einspannung zwischen Spitzen, ○ = Einspannung im Zangenfutter). Kerndurchmesser $d = 3$ mm, Stabdurchmesser $D = d/\sqrt{k}$, Kerbwinkel $\omega = 60°$.

Eine weitere Versuchsreihe zeigt sehr treffend den Unterschied richtiger und falscher Drehweise (Abb. 53). Kerbt man vorschriftsmäßig ein, so kann man die Probe bis zur Achse einstechen, ohne daß durch etwaige Beanspruchung des Kernquerschnitts die freistehende Probenhälfte vorzeitig im Kern abbricht; sie fällt erst ab, wenn der Querschnitt gleich 0 geworden ist. Kerbt man aber mit senkrechter Spanzustellung zur Proben-

Tafel II. Probenausmessung und Festigkeitsermittlung von Kerbzugproben aus Kohlenstoffstahl, die vor und nach dem Einkerben geglüht wurden. Kerbwinkel = 60°.

| Werkstoff | Stabdurchmesser $D$ mm | Kerndurchmesser $d$ mm | Stabquerschnitt $F$ mm² | Kernquerschnitt $f$ mm² | Relative Kernfläche $k = \dfrac{d^2 \pi/4}{D^2 \pi/4}$ | Traglast $P$ kg | Festigkeit $\sigma = \dfrac{P}{d^2 \pi/4}$ kg/qmm |
|---|---|---|---|---|---|---|---|
| Stahl 0,7% C vor dem Einkerben bei 600° geglüht | 10,00 | 1,95 | 78,5 | 2,99 | 0,04 | 319,0 | **106,6** |
|  | 9,99 | 1,99 | 78,4 | 3,11 | 0,04 | 332,0 | **106,7** |
| desgl., nach dem Einkerben bei 600° geglüht | 10,01 | 2,02 | 78,7 | 3,20 | 0,04 | 346,0 | **108,1** |
|  | 10,01 | 1,99 | 78,7 | 3,11 | 0,04 | 336,0 | **108,1** |

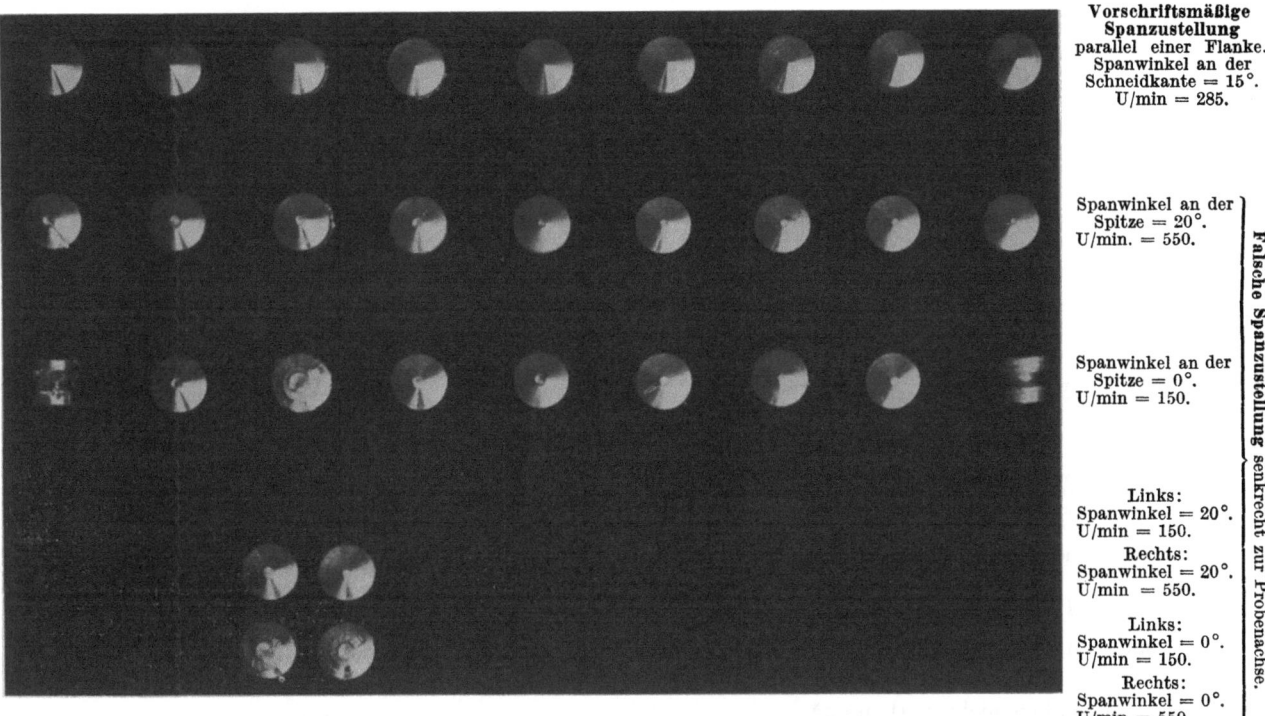

Abb. 53. Vergleichsbilder von Einkerbungen bis zur Stabachse bei richtiger und falscher Spanzustellung und verschiedener Schnittgeschwindigkeit. Einspannung einseitig im Zangenfutter, Stabdurchmesser $D = 10$ mm, Kerbwinkel = 60°.
Bei unvorschriftsmäßiger Spanzustellung brechen die Proben infolge zu starker Beanspruchung im Kernquerschnitt vor Erreichen der tiefstmöglichen Einkerbung ab. Die beiden äußeren Proben in der dritten Reihe sind in Querlage aufgenommen, sie ließen sich nicht tiefer eindrehen.
a Kupfer; b Messing; c Aluminium; d Zink; e Stahl 0,2% C; f Duralumin; g Elektron; h Lautal; i Silberstahl.
U/min = Umdrehungszahl je Minute beim Einkerben.

achse ein, so ist die Einkerbtiefe begrenzt und die Probe bricht infolge starker Beanspruchung bei einem verhältnismäßig großen Kernquerschnitt ab. Ist hierbei der Meißelwinkel zu groß (Spanwinkel = 0°), so lassen sich einige Materialien überhaupt nicht kerben; z. B. Kupfer, weil sich die Späne beider Flanken zu stark anstauen, und harter Stahl, weil aus gleichem Grunde die Drehstahlspitze sofort stumpf wird. Der Spanwinkel (Winkel zwischen Brust- oder Schleiffläche und Horizontalen) beträgt zweckmäßig für Messing, Bronze = 0 bis 3°, harten Stahl 3°, weichen Stahl 5°, Kupfer, Aluminium und Aluminiumlegierungen 12 bis 15°.

Weiter geht aus der Abb. 53 hervor, daß eine höhere Schnittgeschwindigkeit die geringere Beanspruchung des Kernquerschnitts erzeugt, da, wie schon bekannt ist[35], mit Zunahme der Schnittgeschwindigkeit die Verfestigung des Materials abnimmt. Bei vorschriftsmäßiger Spanzustellung ergab nach Tafel III und Abb. 54 bei verschiedenen Schnittgeschwindigkeiten die größere Geschwindigkeit einen unerheblichen (etwa 2%) höheren Festigkeitswert, der mit Rücksicht auf die Ergebnisse in Abb. 53 als der richtigere erkannt werden muß. Aus fertigungstechnischen Gründen ist nach den vorliegenden Erfahrungen eine Schnittgeschwindigkeit von 2 bis 3 m/min, gemessen am Kerndurchmesser, für die vorgeschlagene Normalprobe die passendste. Sehr weiche Stoffe, z. B. Reinaluminium, erfordern indessen stets eine etwas höhere Schnittgeschwindigkeit.

Beachtet man die vorgeschlagenen Regeln, so dürfte ein Fehlschlag nicht zu erwarten sein. Die Vorschriften sind so klar umrissen, daß sie nach einmaliger Durchführung leicht von der Hand gehen.

Richtig gekerbte Proben ergeben so auffallend gleichmäßige Werte (vgl. auch Tafel II und Abb. 51), wie man sie bei ungekerbten Zugstäben (Streckgrenzen- und Zugfestigkeitsermittlung) nicht gewöhnt ist. Daher erreicht man auch fast immer ohne

Mittelwertbildung, also mit nur einer einzelnen Kerbzugprobe, einen zuverlässigen Festigkeitswert.

Tafel III. Festigkeitswerte von Kerbzugproben, die mit verschiedener Schnittgeschwindigkeit eingekerbt wurden. Kerndurchmesser $d = 3$ mm, Stabdurchmesser $D = 10$ mm, Relative Kernfläche $k = 0{,}09$.

| Werkstoff | Kerbwinkel Grad | Zugfestigkeit in kg/mm² bei den übergeschriebenen U/min beim Drehen | | Unterschied der Festigkeitswerte in % |
|---|---|---|---|---|
| | | 550 | 150 | |
| Messing . . . . . . . | 60 | 43,0 | 42,2 | + 1,9 |
| Aluminium . . . . . . | 60 | 25,5 | 25,8 | − 1,2 |
| Stahl 0,2% C, 1% Mn . | 90 | 83,6 | 81,5 | + 2,5 |
| desgleichen . . . . . . | 60 | 89,0 | 86,7 | + 2,6 |
| Zink . . . . . . . . . | 60 | 36,4 | 35,6 | + 2,2 |

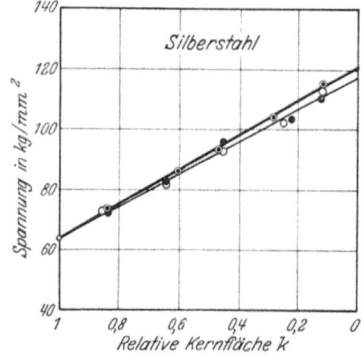

Abb. 54. Festigkeit, bezogen auf den ursprünglichen Kernquerschnitt von verschieden tief gekerbten Proben bei vorschriftsmäßiger Spanzustellung mit verschiedener Schnittgeschwindigkeit.
⊙ 550 U/min, ○ 285 U/min, ● 150 U/min. Stabdurchmesser $D = 7$ mm, Kerndurchmesser $d = D\sqrt{k}$, Kerbwinkel $\omega = 60°$.

#### d) Probenausmessung.

Der Ausmessung der Proben vor dem Zerreißen dienen Spezialapparaturen, da das Messen diametraler Einkerbungen für gewöhnlich nicht vorkommt*.

Sehr bequem ist das Messen mit einem Meßtisch nach Abb. 55**, weil bei diesem die Probe fest eingelegt werden kann und nicht von der Hand gehalten werden braucht. Es kommt hier darauf an, mit zwei genau gegenüberliegenden und voneinander entfernbaren harten Stahlschneiden den Kerndurchmesser genau zu bestimmen. Die Schneiden müssen so scharf sein, daß sie bis in den Grund der Kerbe eindringen können, anderseits müssen sie eine geringe Abrundung besitzen, damit sie sich nicht so schnell abnutzen. Der Abrundungsradius muß dabei etwas kleiner bleiben als der Abrundungsradius der spitzen Kerbe. Er würde sonach etwa 0,1 mm betragen. Da es keine Garantie gibt, daß die beiden etwa 4 mm breiten Schneiden einen genau parallelen Abstand besitzen, so sorgt der winkelförmige Probenhalter dafür, daß die Probe die Schneide immer an derselben Stelle berührt. Die Ablesung erfolgt an der Meßuhr in $1/_{100}$ mm. Ein einziger Hebeldruck hebt zugleich den Probenhalter und den beweglichen Schneiden-

---

\* Die der Praxis des Kerbzugversuchs und der Kohäsionsprüfung dienenden Meßwerkzeuge werden von der Firma Carl Mahr G. m. b. H., Eßlingen a. N., Spezialfabrik für Meßwerkzeuge angefertigt und geliefert.

\*\* Der hier abgebildete Meßtisch wurde von Herrn K. Boxhammer in den Amtswerkstätten angefertigt.

taster der Meßuhr empor, so daß man mit der anderen Hand die Probe einlegen kann. Nach Zurücklegen des Hebels kann dann die Ablesung erfolgen. Die richtige Einstellung des Zifferblattes an der Meßuhr wird vor dem Messen mit Hilfe eines genauestens geschliffenen und sehr harten Normallehrdornes von bekanntem Durchmesser vorgenommen.

Abb. 55. Meßtisch zum Ausmessen des Kernquerschnitts. D.R.P. und D.R.G.M. angemeldet.

Außer dem Kerndurchmesser ist der Schaftdurchmesser der Probe mit der gewöhnlichen Mikrometerschraube auszumessen, um die relative Kernfläche $k$ feststellen zu können (Beispiel siehe Tafel II).

#### e) Prüfung.

Besondere Sorgfalt ist ebenso wie der Probenanfertigung der Einspannung zuzuwenden*: Die gewöhnlichen, in Kugelgelenken hängenden Einspannglieder der Prüfmaschinen sind zu schwerfällig und garantieren meist keine gute Zentrierung der kleinen Kohäsionsprobe. Biegebeanspruchungen sind dann die Folge. Daher sind die Einspannkörper in Spitzen aufzuhängen. Und es ist bei der Anfertigung der Spitzenaufhängung zu beachten, daß die Spitze zu den übrigen Elementen der Probenaufnahme (Gewinde, zylindrische und konische Bohrungen, konisches Zangenfutter) genau zentriert liegt: Sie sind auf genau laufendem Zapfen zu drehen.

Abb. 56 zeigt links eine kombinierte Einspannung für die glatte Probe und die Gewindeprobe. Das Spitzengehänge ist unten mit einer konischen Ausbohrung versehen, in welche ein genau passender Konus eingelegt wird, der als Gewindemutter für die Gewindeprobe dient. Die glatte Probe sitzt in einem Zangenfutter, das ebenfalls genau in die konische Aussparung paßt. Seine einzelnen Backen pressen sich unter der Zugkraft beim Gleiten im Konus mit den gehärteten Zähnen ihrer Greif-

---

\* Die Spezial-Einspannungen und -Maschinen für die Kerbzugversuche und die Kohäsionsprüfung liefert die Fabrik für Materialprüfmaschinen Louis Schopper in Leipzig.

flächen immer fester in die Staboberfläche ein und garantieren wegen der Fünfteiligkeit eine gleichmäßige und gute Zentrierung.

In Abb. 56 rechts ist die Nuteneinspannung wiedergegeben. In die Nuten der von unten einzuschiebenden Probe legen sich federnd die beiden Hälften eines Beileringes ein, die vorher durch Druck auf die beiden Drücker mittels Daumen und Zeigefinger auseinandergeschoben werden. Die erforderliche Zugkraft wird auf die Probe durch die am unteren Ende des Spitzengehänges eingeschraubte Rundplatte übertragen, die mit ihrer Durchbohrung zugleich die Zentrierung der Probe übernimmt. Hierbei darf der Stabdurchmesser bis höchstens 0,10 mm kleiner sein als der Bohrungsdurchmesser, sodaß die Genauigkeitstoleranz des Stabdurchmessers etwa $+0{,}05$ bis $-0{,}05$ mm beträgt.

Dieser Einspannkörper gestattet die schnellste und bequemste Handhabung, und der gefährliche Probenquerschnitt erleidet beim Einführen der Probe keinerlei Beanspruchung. Zudem ist der Herstellungspreis der Nutenprobe gering. Der Kernquerschnitt der Probe darf aber nicht größer sein als der Querschnitt an der Nute, daher eignet sich diese Probenform nur für tiefgekerbte Proben, für diese aber am besten. Auch die Gewindeprobe beschränkt sich auf tiefere Einkerbungen, weil man, wegen der Anfertigung im Zangenfutter, den äußeren Gewindedurchmesser nicht gern größer nimmt als den Schaftdurchmesser. Das Einschrauben der Gewindeproben erfordert größere Aufmerksamkeit, da es nicht zu umgehen ist, daß ein Gewinde schwerer geht, und die Gefahr der Beanspruchung des gefährlichen Querschnitts vorhanden ist. Die Probe ist in der Herstellung außerdem am teuersten. Anderseits ist aber das Gewinde eine geläufige Einspannart. Die glatte Probe erlaubt alle Kerbtiefen, sie sitzt sehr fest und sicher im Einspannkörper, dafür frißt sich aber das Zangenfutter in der Konusbohrung leicht fest, und es macht nach dem Zerreißen das Lösen einige Mühe. Auch das Einschieben der Probe in das Zangenfutter hat Gefahren, so daß diese Probenform nur für feste Materialien und bei geringen Kerbtiefen vorzuziehen ist. Die zugehörige Probe ist die einfachste, die Einspannteile dürften aber am schwierigsten herzustellen sein.

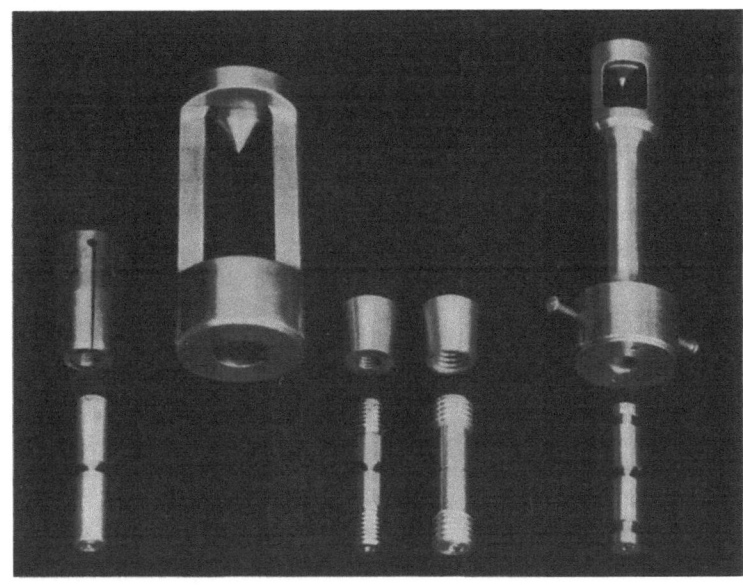

Abb. 56. Spitzenzentrierte Einspannungen für Kerbzugproben.
Links: Für die glatte und die Gewindeprobe. Rechts: Für die Nutenprobe. D.R.G.M.

Für tiefgekerbte Proben, die in der Trennfestigkeitsprüfung Verwendung finden, ist mithin die Nuteneinspannung die bei weitem zweckmäßigste und billigste.

Die Prüfung beschränkt sich bei der Trennfestigkeitsermittlung auf das Zerreißen und das Ablesen der Höchstlast der gekerbten Probe. Für Forschungszwecke wird auch die Querdehnung gemessen, und zwar im elastischen Bereich mit Hilfe eines Querdehnungsmessers (S. 7), im plastischen Bereich mit Hilfe eines Fernrohrs mit Okularmikrometer. Die Zerreißgeschwindigkeit ist wie bei gewöhnlichen Zugversuchen mäßig zu wählen, da bei zu großer Belastungsgeschwindigkeit die Richtigkeit der Lastanzeige unkontrollierbar wird.

## 7. Methodik der technischen Kohäsionsermittlung[*].

Der Trennfestigkeitsbegriff hat in der Literatur schon Eingang gefunden. Um bei seiner praktischen Einführung vor Enttäuschungen zu bewahren, sei gezeigt, wie mit einer klar umrissenen Methode dieser häufig im Rufe der Schwierigkeit und Undefinierbarkeit stehende Begriff den gewohnten Kennwerten an Genauigkeit, Einfachheit und Billigkeit in der Ermittlung zum mindesten nicht nachsteht. Es ist zu hoffen, daß zunächst als Folge werkstofflicher Wißbegier, dann aber wegen seiner Unentbehrlichkeit er sich immer mehr einbürgert und schließlich zur Norm wird; denn er füllt nicht nur eine empfindliche Lücke im Prüfwesen, sondern bildet auch eine der Grundlagen für eine metallkundliche plastische Festigkeitslehre. Ludwik schreibt 1924: „Hier klafft vielleicht die empfindlichste Lücke in unserem heutigen Metallprüfwesen.

[*] Original: Metallwirtsch. Bd. 11 (1932) S. 343—347.

Wir sind zur Zeit bei dehnbaren Metallen nicht imstande, die Kohäsion des ‚ursprünglichen‘ (nicht vorgereckten) Metalls auch nur annähernd zu bestimmen"[36].

### a) Prinzip.

Bisher hat sich die mechanische Festigkeitsprüfung der Metalle damit begnügt, mit der „Streckgrenze" und „Zugfestigkeit" den Widerstand des Werkstoffes gegenüber dem Abschieben seiner Teilchen zu messen, obgleich doch die Wirklichkeit der Brüche zeigt, daß häufig im Zusammenwirken verschiedener Einflüsse ein Versagen ohne sichtbare Verformung, also durch Trennung erfolgt (Schlag-, Kälte-, Wechsel-, Dauer-, Kerbwirkung, breite Werkstücke). Beim Gleitwiderstand wirken im versagenden Sinne Schubkräfte in Richtung wirksamer Gleitebenen, beim Trennungsbruch — Normalkräfte senkrecht zur Trennungsebene. Ein plastischer Werkstoff beginnt bei normaler statischer Beanspruchung immer vorerst zu fließen. Wenn dann ein solch verformter Körper schließlich doch noch einem Trennungsbruch unterliegt, so ist seine augenblickliche Trennfestigkeit gegenüber dem Ursprungszustand stark verändert. **Die Aufgabe läuft also darauf hinaus, die Trennfestigkeit beim verformungslosen Bruch zu ermitteln.** Man weiß nun, daß durch Hinzufügen von Querkräften gleichen Vorzeichens das Fließen behindert wird. Nach Versuchen von Föppl, Groth (1900), Jefferies (1917) ist es sehr wahrscheinlich, daß Körper unter noch so hohem, allseitig gleichem Flüssigkeitsdruck weder zu zerbrechen noch plastisch zu verformen sind. Dies Experiment läßt sich für Zug nicht nachahmen, da es nicht möglich ist, eine allseitig saugende Wirkung genügender Stärke zu erzielen. Es geben aber Einkerbungen die Möglichkeit, Querkräfte im Werkstoff zu erzeugen (räumlicher Spannungszustand) und es gelingt unter Anwendung eines schematischen Probensystems (Zylinderstab mit umlaufender Dreieckskerbe, Kerbwinkel und Kerbtiefe veränderlich, Abb. 45), die Kerbwirkung systematisch so zu steigern, daß diese Steigerung sich nicht nur nach einem klar erkennbaren Gesetz vollzieht, sondern auch auf einen Zustand allseitig gleicher Zugwirkung extrapolieren läßt. Die Auswertung elastischer Querdehnungsmessungen im Kernquerschnitt von Kerbzugproben ergab nämlich für den Grenzfall des Kerbwinkels 0° und einer bis zur Stabachse reichenden Einkerbung **den polarsymmetrischen Verformungs- und Spannungszustand im Kernquerschnitt** (S. 9). In diesem Zustand ist nach den Gesetzen der Mechanik nur ein Trennungsbruch denkbar.

Um nun eine Extrapolation der Festigkeit auf diesen Grenzzustand in einfacher Weise vornehmen zu können, muß das Gesetz des Festigkeitsverlaufs im Übergangsgebiet zwischen einachsigem und polarsymmetrischem Spannungszustand einwandfrei bekannt sein. Dieses Gesetz wird beherrscht:

1. vom räumlichen Spannungszustand,
2. von der ungleichmäßigen Spannungsverteilung.

Der räumliche Spannungszustand bewirkt die Erhöhung der Festigkeit bis auf den Grenzwert der Trennfestigkeit. Nach der Mohrschen Festigkeitshypothese für mehrseitige Beanspruchung (Hüllkurve) nimmt bei Zunahme der Normalspannung in der Gleitebene bis zum Trennwiderstand der Schubwiderstand bis auf null ab. **Damit ist ein kontinuierlicher Übergang vom Gleit- zum Trennungsbruch gegeben** (S. 27). Der räumliche Spannungszustand bildet also die Grundlage für die Möglichkeit einer Trennfestigkeitsermittlung. Mit jedem räumlichen Spannungszustand, der durch die Ungleichmäßigkeit der Körperform erzeugt wird, ist aber untrennbar ein ungleichmäßiges Kraftfeld verknüpft, welches Ursache einer Minderung der (mittleren) Gesamtfestigkeit und damit einer Festigkeitsstörung sein kann, aber nicht in allen Fällen zu sein braucht. Es kommt nun darauf an, diese Störungen methodisch auszuschalten, um das Gesetz des räumlichen Spannungszustandes für die Trennfestigkeitsermittlung ausbeuten zu können.

### b) Festigkeitsgesetze des räumlichen Spannungszustandes.

Als Festigkeit soll immer das Maximum der auf den ursprünglichen Kernquerschnitt bezogenen Spannungen bei Erreichen der mathematischen Höchstlastbedingung (horizontale Tangente an die Lastverformungskurve, Abb. 18) gemeint sein. Infolge der ungleichmäßigen Spannungsverteilung eilt aber unter den Spannungsspitzen im Kerbgrund die Verformung voraus und die Bindung der Materialteilchen wird hier zuerst gelöst (S. 18 und Abb. 15). Bei Betrachtung des Zugdiagramms in Abb. 18 ist dann die Beanspruchung im Kerbgrund schon im Zerreißpunkt $III$ angelangt, während die Querschnittsmitte des Kerns die Höchstlastbedingung noch nicht erfüllt hat (bei $I'$ im Diagramm). Alsdann erreicht der Gesamtquerschnitt das Lastenmaximum ebenfalls nicht (kerbempfindliche Werkstoffe). Unter günstigeren Verformungsverhältnissen des Werkstoffs kann aber auch in der Querschnittsmitte die Höchstlastbedingung schon erfüllt sein (Punkt $II$), wenn der Kerbgrund gerade einzureißen beginnt ($III$). Die größtmögliche Annäherung an die von einer Spannungsinhomogenität unbeeinflußten Festigkeit tritt dann ein, wenn in der Querschnittsmitte die Höchstlastbedingung erfüllt ist ($II$) und der Verformungsgrad im Kerbgrund etwa durch die Stelle $II'$ im Zugdiagramm gekennzeichnet ist, welche mit genügender Annäherung noch auf der Höchstlasttangente liegt (kerbunempfindliche Werkstoffe). Diese möglichen Fälle stehen in enger Beziehung zu den besonderen Verformungseigenschaften der Werkstoffe, insbesondere zum Verhältnis der Größe der gleichmäßigen Verformung zur Einschnürverformung.

Tritt der zuletzt beschriebene günstigste Fall ein und entspricht daher die Festigkeit derjenigen des wahren räumlichen Spannungseinflusses, so liegen die Festigkeitswerte mit abnehmender relativer Kernfläche $k = \dfrac{d^2 \pi/4}{D^2 \pi/4}$ (vgl. Abb. 45) bei gleichbleibendem Kerbwinkel auf einer Geraden (Beispiel: Abb. 58). Ebenso verläuft die Abhängigkeit der Festigkeit vom Kerbwinkel bei gleicher Kerbtiefe nach einer Geraden (Stahl $M$ und Aluminium in Abb. 25).

Auf Grund der geradlinigen Gesetze der Festigkeit ist es möglich, bei Kenntnis der üblichen Zugfestigkeit $\sigma_B$ des Werkstoffes und der Festigkeit nur einer gekerbten Probe die Extrapolation auf einen verformungslosen Bruch, d. h. auf die Trennfestigkeit $s_T$ vorzunehmen. Aus Abb. 57 (Gerade $AB$) folgt für die Festigkeit im Grenzfall $k = 0$, wenn $\sigma_{\omega k}$ die Festigkeit der Probe bei dem Kerbwinkel $\omega$ und der relativen Kernfläche $k$ (Punkt $G$) ist:

$$\sigma_{\omega,\,k=0} = \sigma_B + \frac{\sigma_{\omega k} - \sigma_B}{1 - k}. \qquad (18)$$

Und nach Abb. 57 (Gerade $A'C$) ergibt sich dann im Grenzfall $\omega = 0°$, $k = 0$ für die Trennfestigkeit*:

$$s_T = \sigma_{\omega=0,\,k=0} = \sigma_B + \frac{\sigma_{\omega k} - \sigma_B}{1 - k} \cdot \frac{180}{180 - \omega}. \qquad (19)$$

---

\* In früheren Veröffentlichungen [Arch. Eisenhüttenwes. Bd. 2 (1928/29) S. 109—117, Z. VDI Bd. 73 (1929) S. 469 bis 471, Z. Metallkde. Bd. 22 (1930) S. 14—22, Z. Metallkde Bd. 22 (1930) S. 264—268, Mitt. dtsch. Mat.-Prüf.-Anst., Sonderh. 14 (1930) S. 7, 35, 61, 85] wurde eine Extrapolation auf den Kerb-

Für das Verständnis der Extrapolation auf den Grenzwert $s_T$ ist es wesentlich, daß mit Abnahme der relativen Kernfläche bis auf null nicht etwa auf molekulare Verhältnisse extrapoliert werden soll, sondern lediglich auf den polarsymmetrischen Kräftezustand des Vielkristalls. Da die Querschnitte der Proben eine Vielheit von Kristallen enthalten, so wird auch durch die Extrapolation die Festigkeit des vielkristallinen Materials gekennzeichnet.

Die abgeleitete Formel gilt ohne weiteres für kerbunempfindliche Werkstoffe. Hat man kerbempfindliche Werkstoffe zu prüfen, so sind $k$ und $\omega$ nach der nachfolgenden Methode zu wählen.

### c) Regeln der Festigkeitsstörungen im ungleichmäßigen Spannungszustand.

Voraussetzung für die geordnete Erkennung der aus dem inhomogenen Spannungszustand erwachsenden Störungen und ihre Unterbindung ist die vorschriftsmäßige Einkerbung der Probe auf der Drehbank, mit welcher eine Veränderung der Materialeigenschaften im Kernquerschnitt ausgeschlossen ist. Hierüber ist schon im vorangehenden Abschnitt eingehend gesprochen worden. Die auf gemeinsamer Grundlage beruhenden Störungen kann man unter dem Gesichtswinkel der Formgebung oder des Werkstoffes betrachten. Die Einflüsse der Formgebung lassen sich einteilen in diejenigen der Probengröße, der Kerbtiefe, des Kerbwinkels und der Spitzenabrundung. Einen Maßstab für den Störungsgrad bilden die Abweichungen der gestörten von den ungestörten — auf der Geraden liegenden — Festigkeitswerte. Sie sind in Abb. 57 oben schematisch dargestellt.

Eine Kritik für das Vorhandensein der Störung ist immer in der Nichterfüllung der Höchstlastbedingung im Zugdiagramm der gekerbten Probe gegeben, die für einige der in Abb. 25 gegebenen Beispiele in den Abb. 20—24 durchgeführt wurde.

Der Einfluß von Probengröße und Kerbtiefe ergibt das (senkrecht schraffierte) Störungsfeld $a$ (links). Der größte Einfluß ist bei großen Proben und mittlerer

---

winkel 0 praktisch vernachlässigt, weil auf Grund damaliger Versuche die Gesetzmäßigkeit zwischen Festigkeit und Kerbwinkel nach einer Kurve ermittelt wurde, deren Verlauf keine wesentliche Veränderung der Festigkeit zwischen Einkerbungswinkeln von 0° und 60° erwarten ließ. Der Verlauf dieser Kurve hat sich neuerdings nicht bestätigt gefunden, seit der Einfluß der Probenfertigung in der Drehbank auf die Festigkeit näher untersucht wurde (vgl. Abb. 51). Die alte Kurve enthält insbesondere bei mittleren Kerbwinkeln zu hohe Werte, weil bei nicht vorschriftsmäßigem Abdrehen sich der Werkstoff im Kernquerschnitt verfestigt. Die richtige Behandlung der Proben in der Drehbank liefert hingegen das geradlinige Festigkeitsgesetz. Die früher ermittelten Trennfestigkeitswerte kamen der Wirklichkeit aber doch sehr nahe, da sich, wie bezeichnete Abbildung erkennen läßt, die Vernachlässigung des Winkeleinflusses und die Verfestigung im Kernquerschnitt in ihrer Wirkung angenähert aufhoben.

Kerbtiefe vorhanden (bei $E$), während bei sehr kleinen Proben ($AD$) oder tiefstmöglicher Einkerbung ($D$) der Einfluß gleich null ist (S. 12). Mit Hilfe kleiner oder tiefgekerbter Proben (Punkt $F$) ist daher der Störungseinfluß $a$ praktisch auszuschalten.

Der bei kleinen Proben restlich auftretende Störungseinfluß $b$ ist durch waagerechte Schraffur gekennzeichnet. Dieser Einfluß ist bei großen Kerbwinkeln nicht vorhanden (zwischen $H$ und $A'$, rechts im Bild).

Der zusätzliche Störungseinfluß ($c$) ist derjenige der Spitzenabrundung, der in Abb. 57 in beliebiger Lage (Stelle $J$) mit schräger Schraffur eingezeichnet ist. Bei sehr kleiner Spitzenabrundung vermag diese Störung in Verbindung mit kleinen Kerbwinkeln selbst bei sonst kerbunempfindlichen Werkstoffen, bei denen Einfluß $a$ und $b$ nicht auftritt, eine Festigkeitsminderung hervorzurufen (vgl. Abb. 51). Bei kerbempfindlichen Werkstoffen verstärkt der Einfluß $c$ die Einflüsse $a$ und $b$ und

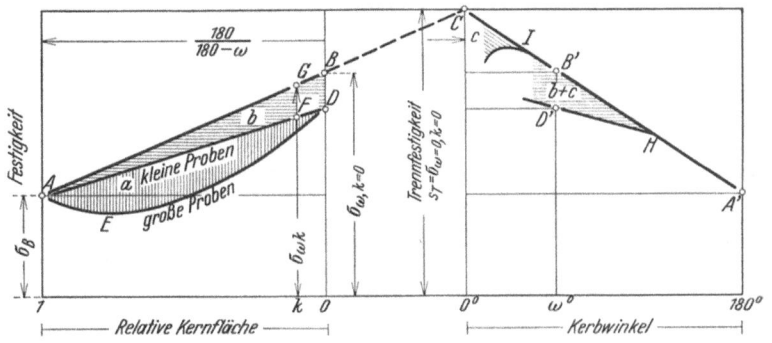

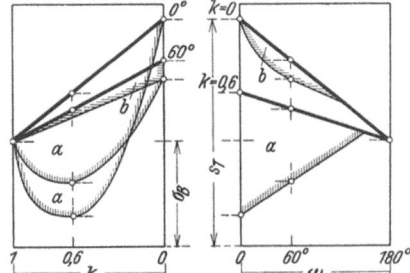

$a$ Einfluß bei großen Proben,
$b$ Einfluß bei kleinen Proben,
$c$ zusätzlicher Einfluß bei scharfer Spitzenabrundung.

Abb. 57. Auf den ursprünglichen Kernquerschnitt bezogene Festigkeit und Festigkeitsstörungen in Abhängigkeit von der relativen Kernfläche und dem Kerbwinkel.

vermag den Beginn der Störung (Stelle $H$ in Abb. 57) nach größeren Winkeln hin zu verschieben. Glücklicherweise ist es schwierig, so kleine Abrundungsradien an der Drehstahlspitze zu erzeugen, so daß unter normalen Verhältnissen der Störungseinfluß nicht zur Geltung kommt. Die Spitzenabrundung darf anderseits auch nicht zu groß genommen werden, damit die festigkeitsmehrende Einwirkung des räumlichen Spannungszustandes nicht gemildert wird.

Einen vollständigeren Überblick der Kombinationswirkungen von großen und kleinen Proben sowie Kerbtiefe und Kerbwinkel gibt Abb. 57 unten. Die Spitzenabrundung kann in ihrer Wirkungsweise der des Kerbwinkels gleicherachtet werden (vgl. S. 20).

Die Betrachtung der Störungseinflüsse unter dem Gesichtswinkel des Werkstoffes führt zu der noch nicht abgeschlossenen Erkenntnis, daß eine Gruppe von Werkstoffen bestimmter Konstitution empfindlich, eine andere weniger empfindlich gegenüber diesen Störungen ist. Zu den unempfindlichen gehören die reinen Metalle, Kohlenstoffstähle mit geringem Kohlenstoffgehalt und die homogenen Legierungen (aus homogenen Mischkristallen bestehend). Zu den empfindlichen zählen die in der Praxis häufigeren heterogenen Legierungen, unter denen sich vergütbare aber auch viele zu inneren Spannungen neigende Werkstoffe befinden.

Werkstoffe im Grenzgebiet großer Sprödigkeit, bei denen sich die Störungen bei stumpfen Kerbwinkeln ($> 135°$) oder gar schon beim ungekerbten Stab bemerkbar machen, können mit der hier durchgeführten Methodik nicht auf „Trennfestigkeit" geprüft werden. Ein typisches Beispiel hierfür ist Gußeisen, bei welchem ein Lastenmaximum infolge verfrühten Einreißens selbst beim zylindrischen Zugstab nie auftritt (Abb. 25).

### d) Prüfungsnormen.

So schwierig auch der Entwicklungsgang der technischen Kohäsionsprüfung erscheinen mag, ihre versuchsmäßige Durchführung muß einfach sein. Sie gliedert sich in die Trennfestigkeitsprüfung und die Prüfung auf Kerbempfindlichkeit.

#### Trennfestigkeitsprüfung.

Die Ausschaltung des Störungseinflusses $a$ (Abb. 57) erfordert eine tiefe Kerbe und einen kleinen Kernquerschnitt, während diejenige des Störungseinflusses $b$ einen großen Kerbwinkel zur Voraussetzung hat. Zur Meidung von Störungseinfluß $c$ ist das normale Maß der Spitzenabrundung zu beachten. Hieraus ergeben sich folgende praktisch erprobten Normen (Abb. 45d):

Kerndurchmesser $d = 3$ mm,
Stabdurchmesser $D = 10$ mm,
relative Kernfläche $k = 0,09$,
Kerbwinkel $= 135°$,
Abrundungsradius an der Spitze $r = 0,1 - 0,15$ mm.

Diese Einheitsprobe ist also auf kerbempfindliche Werkstoffe zugeschnitten und läßt in einheitlicher Weise die Prüfung beider Werkstoffgruppen zu. Erhebliche Abweichungen von den angegebenen Maßen können einerseits die beschriebenen Störungen zur Folge haben (z. B. Vergrößerung von $d$ und $k$, Verkleinerung von $\omega$ und $r$), anderseits die praktische Probenfertigung erschweren (z. B. Verkleinerung von $d$ und $k$, Vergrößerung von $\omega$; ein zu großes $r$ vermindert die räumliche Kraftwirkung der Probe).

Die Trennfestigkeit ermittelt sich dann aus der Festigkeit $\sigma_{\omega k}$ dieser Probe und der üblichen Zugfestigkeit $\sigma_B$ des Werkstoffes nach der Formel (19), in welcher das genaue Maß von $k$ durch die Probenausmessung (S. 36) gewonnen und der Quotient $\dfrac{180}{180 - \omega} = 4$ wird.

#### Kerbempfindlichkeitsprüfung.

Ihr Ziel ist, die Festigkeitsstörungen nach bestimmten Normen in das Versuchsergebnis einzubeziehen und das gestörte Festigkeitsergebnis in Beziehung zum ungestörten Wert zu setzen. Es ergibt sich daraus nach Abb. 57 die Notwendigkeit eines möglichst spitzen Kerbwinkels. Für diesen empfiehlt sich nach praktischen Gesichtspunkten der gebräuchliche Winkel von 60°, da spitzere Winkel beim Eindrehen Schwierigkeiten bereiten. Nach Abb. 57 ist die größte Störungswirkung ($E$) bei mittlerer Kerbtiefe und möglichst großer Probe zu erwarten. Solche Ausmaße würden aber den Kraftbereich der Prüfmaschine zu sehr erweitern und die Verwendung einer Spezial-Kohäsionsprüfmaschine kleinen Formats* ausschließen, außerdem würde dann auch die sehr bequeme sichere und billige Nuteneinspannung (S. 37) nicht zu verwenden sein. Daher sind außer der Kerbwinkelveränderung auf 60° die übrigen Maße beizubehalten (Abb. 45c). Durch Kerbempfindlichkeit gestörte Festigkeitswerte würden dann in Abb. 57 dem Punkt $D'$, ungestörte Werte dem Punkt $B'$ entsprechen. Eine Extrapolation auf einen eindeutigen Grenzwert ist hierbei nicht möglich.

### e) Bewertung der Methodik.

Hervorzuheben ist die große Genauigkeit der Prüfungsergebnisse bei Beachtung der angegebenen Regeln für die Probenfertigung und Einspannung. Die in Abb. 25 dargestellten fast streuungslosen Gesetzmäßigkeiten geben ein Beispiel für die Genauigkeit der Ergebnisse, indem jedem eingezeichneten Versuchspunkt nur eine einzige Probe entspricht. Noch auffallender ist die Genauigkeit nach Abb. 58 und Tafel IV. Auch hier lag jedem Versuchspunkt nur eine einzige Probe zugrunde und die sehr gute geradlinige Kontinuität in der Abbildung zeigt, daß man es mit einem kerbunempfindlichen Werkstoff zu tun hat, zumal die Probengröße bei wechselnder Kerbtiefe hier veränderlich war. Die genaue Errechnung der Trennfestigkeit nach Formel (19) aus den Festigkeitswerten der einzelnen Proben ergibt aber nach Tafel IV ein kontinuierliches geringes Anwachsen der

---

* Siehe Anm. S. 36.

Tafel IV. Probenausmessung und Trennfestigkeitsermittlung an Kerbzugproben verschiedener Kerbtiefe und verschiedenen Kerndurchmessers aus Handelsaluminium bei einem Kerbwinkel von 60°.

| Stab-durch-messer $D$ mm | Kern-durch-messer $d$ mm | Stab-querschnitt $F$ mm² | Kern-querschnitt $f$ mm² | Relative Kernfläche $k = \dfrac{d^2 \pi/4}{D^2 \pi/4}$ | Traglast $P$ kg | Festigkeit $\sigma = \dfrac{P}{d^2 \pi/4}$ kg/mm² | Trennfestigkeit nach Formel (19) $s_T$ kg/mm² |
|---|---|---|---|---|---|---|---|
| 9,99 | **9,51** | 78,38 | 71,03 | 0,91 | 666,5 | 9,39 | **19,2** |
| 9,98 | **8,70** | 78,23 | 59,45 | 0,76 | 638,0 | 10,74 | **21,1** |
| 10,00 | **8,02** | 78,54 | 50,52 | 0,64 | 592,0 | 11,71 | **21,2** |
| 10,00 | **6,95** | 78,54 | 37,94 | 0,48 | 499,0 | 13,16 | **21,5** |
| 7,01 | **5,52** | 38,59 | 23,93 | 0,62 | 287,5 | 12,00 | **21,6** |
| 10,01 | **5,49** | 78,70 | 23,67 | 0,30 | 348,7 | 14,72 | **21,6** |
| 10,00 | **4,51** | 78,54 | 15,90 | 0,20 | 246,3 | 15,59 | **21,6** |
| 10,00 | **2,97** | 78,54 | 6,93 | 0,09 | 115,0 | 16,60 | **21,7** |

Trennfestigkeit mit Abnahme des Kerndurchmessers. Dieses regelmäßige Anwachsen entspricht einer äußerst geringen Durchbiegung der Geraden in Abb. 58, die mit

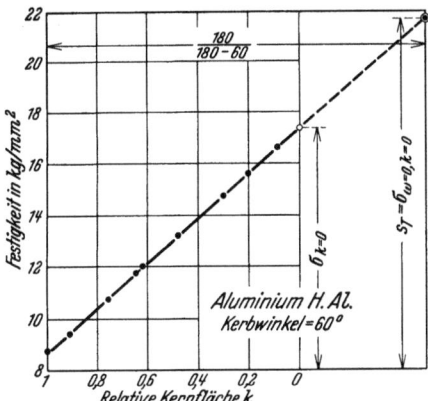

Abb. 58. Beispiel für den Genauigkeitsgrad der Festigkeitsergebnisse von Kerbzugproben bei Zunahme der Kerbtiefe. Stabdurchmesser $D = 10$ mm, Kerndurchmesser $d = k\sqrt{D}$ (vgl. hierzu Tafel IV).

graphischen Hilfsmitteln nicht sichtbar wird. Die Versuchswerte sind also genau genug, um mit Hilfe der Rechnung eine wohl nicht vermeidbare, geringfügige Störung auch bei diesem Werkstoff nachweisen zu können. Die erprobte Genauigkeit der Prüfung gestattet demnach, auch vom Festigkeitswert einer einzelnen mit 135° eingekerbten Probe gewissermaßen mit einem vierfachen Übersetzungsverhältnis auf die Festigkeit beim Kerbwinkel 0° zu extrapolieren, ohne eine erhebliche Streuung der so ermittelten Trennfestigkeit befürchten zu müssen.

Die Trennfestigkeitsprüfung ist eine ausgesprochene **Kleinprobenprüfung**. Unbeschadet der verschiedenen Anschauungen über die Notwendigkeit möglichst großer oder sehr kleiner Proben ist sie vornehmlich dazu berufen und geeignet, das zu prüfende Werkstück zonenweise, insbesondere die meistbeanspruchten Teile einer Kontrolle zu unterziehen.

Die zur Ermittlung der Trennfestigkeit aufzuwendenden Kräfte sind gering und überschreiten 2000 kg nur ausnahmsweise, so daß die Prüfung nur **kleine Maschinen** erfordert. Die im Gebrauch befindlichen Maschinen bis zu 10000 kg Zugkraft können in Anspruch genommen werden.

Eine festgelegte Normalprobenform (S. 40) gestattet ein schnelles Einlegen der Probe in die Prüfmaschine. Die Prüfung erfolgt, da nur die Zerreißlast zu messen ist, in kürzester Zeit. Ein besonderes Meßgerät (S. 36) ermöglicht eine bequem und schnell durchzuführende Ausmessung des Kernquerschnitts vor dem Zerreißversuch.

Die vorschriftsmäßige werkstattliche Probenfertigung schließt eine Vorbeanspruchung oder Beschädigung des Kernquerschnitts der gekerbten Probe aus. Da die vorgeschriebenen Regeln durchaus im Rahmen geläufiger werkstattlicher Möglichkeiten liegen, ist die **Billigkeit der Probe** gewährleistet. Sie kostet wegen ihrer Kleinheit und hauptsächlich als Folge ihrer einfachen Formgebung (Hohlkehlen sind vermieden) nur etwa $1/3$ der Fertigungskosten eines normalen Zugstabes mit Gewindeköpfen.

## 8. Beurteilung der Werkstoffe nach dem Bruchaussehen gekerbter Proben.

Für gewöhnlich ergibt das Bruchaussehen bei Zugstäben keine wesentliche Grundlage für die Gütebeurteilung. Das liegt insbesondere daran, daß mit der plastischen Verformung während des Versuchs das Gefüge in den Abreißflächen allzusehr entstellt wird. Gerade aus diesem Grund gibt das Bruchaussehen gekerbter Proben einen besseren Anhalt, weil während des Zerreißens die Verformung erheblich unterbunden ist. Ist aber das Material schon einer **vorangehenden plastischen Verformung** unterzogen worden, so kann sich das deutlich an der Zerreißfläche der Kerbzugprobe ausprägen, wenn diese plastische Vorbeanspruchung so stark war, daß — wie es beim Walzen, Pressen, Ziehen häufig vorkommt — das Material schon eine plastische Zerrüttung in den banalen Gleitflächen erfahren hat (S. 46), die mit den klassischen Prüfmethoden nicht kontrollierbar ist.

Betrachten wir die Bruchvorgänge an Hand einiger Bilder. Abb. 59 zeigt das Bruchaussehen von spröde gerissenen Werkstoffen. Unter ihnen befinden sich auch solche mit großem Dehnungsvermögen, z. B. Kupfer Cu I mit einer Bruchdehnung von $\delta_{10} = 50\%$. Der spröde Bruch ist auf einen stark wirkenden Einfluß innerer Inhomogenität zurückzuführen (S. 51), die bei Messing, Lautal, Kohlenstoffstahl durch die Legie-

Abb. 59. Bruchaussehen spröde gerissener Werkstoffe. a Gußeisen; b Kupfer Cu I, 98,5% Cu, 0,13% Oxydul; c Stahl, 0,19% C, 1000° im Wasser abgeschreckt; d Stahl R, 0,7% C, normalisiert; e Messing 58; f Duralumin 681 B, veredelt.

rungsbestandteile, bei Gußeisen durch den Graphit, bei Kupfer durch den Oxydulgehalt und bei abgeschrecktem Stahl durch die Martensitnadeln verursacht wird.

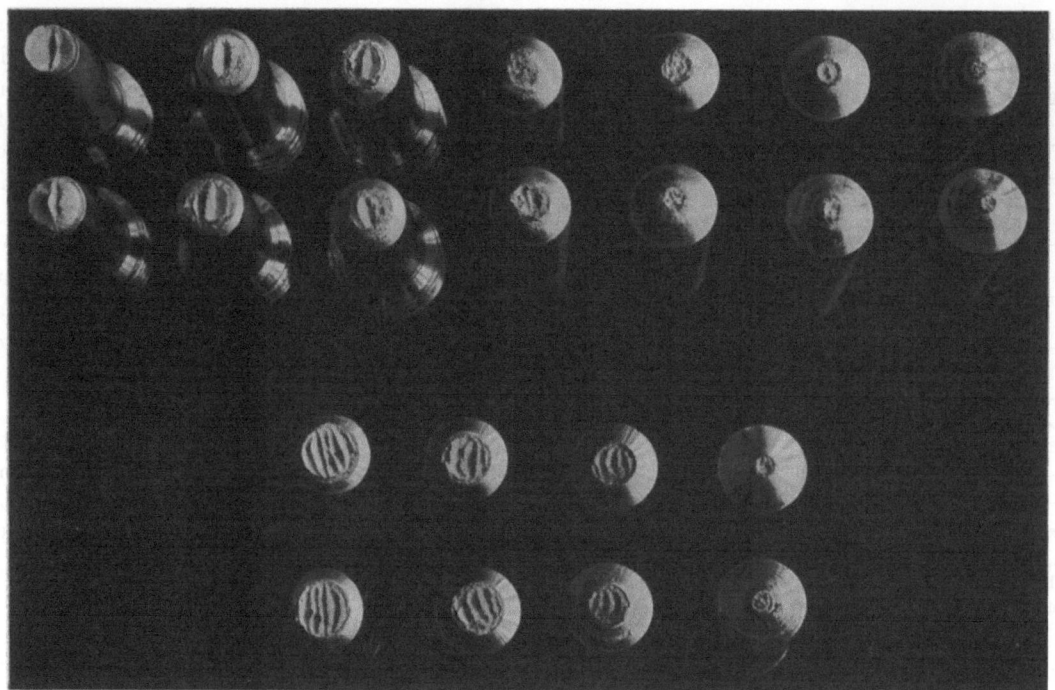

Abb. 60. Plastischer (Zerrüttungs-) Bruch von kaltgezogenem und gewalztem Aluminium bei verschiedener Kerbtiefe.

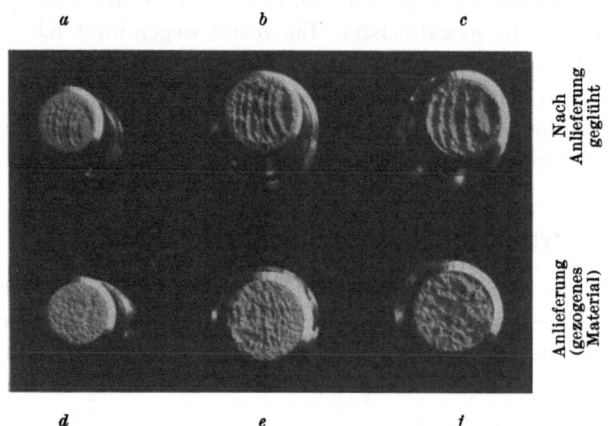

Abb. 61. Einfluß des Nachglühens auf die Zerrüttung bei Duralumin. Die Proben c, e und f wurden vor dem Einkerben außer der oben angegebenen Vorbehandlung bis zur Höchstlast vorgereckt. Entnahme der Proben aus drei verschiedenen Stangen: a—d, b—e, c—f.

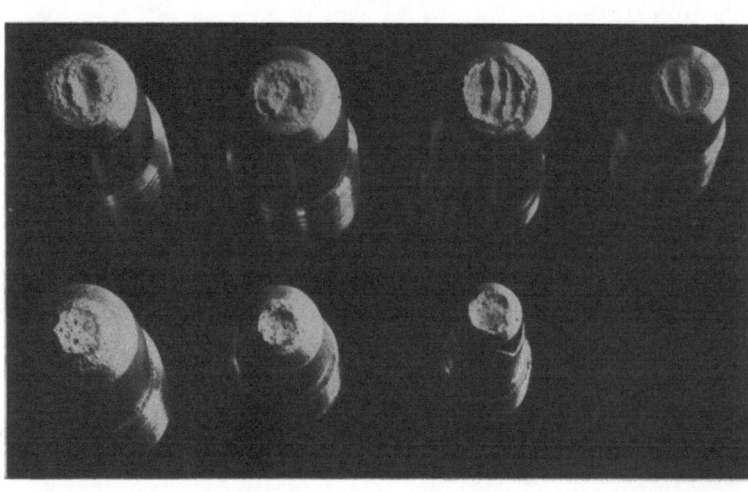

Abb. 62. Einfluß des Reinheitsgrades auf die Zerrüttungsfähigkeit von Aluminium bei verschiedenen Kaltreckgraden.

Die Bruchfläche beim spröden Bruch, die durch das verfrühte Einreißen an der meistbeanspruchten Stelle entsteht, ist ein Kennzeichen für sich selbst, sie schließt die Erkennung etwaiger plastischer Vorbeanspruchungen aus.

Solche sind hingegen in Abb. 60 deutlich sichtbar. Die untere Gruppe zeigt zu stark gewalztes Stangenaluminium (vgl. Abb. 27 und 28). Die scharf ausgeprägten Zerrüttungsflächen lagen immer unter einem Winkel von etwa 50° zur Zugachse und zur Walzdruckrichtung, auf welche aus der erkennbaren Walznaht geschlossen werden konnte. Die obere Gruppe von Aluminiumproben (vgl. S. 23) wurde kaltgezogenen Stangen entnommen. Die Zerrüttungsflächen sind hier weniger scharf ausgebildet als bei dem Walzmaterial und das steht in guter Übereinstimmung mit dem Befund, daß die Zugkurven beim Walzmaterial Störungen aufwiesen, beim gezogenen Material aber nicht (Abb. 27 und 30).

Bei beiden Gruppen werden die Zerrüttungsflächen bei tiefen Einkerbungen nicht sichtbar; sie erscheinen nur dann, wenn die beim Zerreißen sich neu bildenden Gleitflächen mit den schon vorhandenen in ihrer Richtung annähernd zusammenfallen und ihre Wirkung verstärken. Bei tiefen Einkerbungen werden die Bedingungen hierfür ungünstiger, weil sich die Verformung beim Zerreißen unter einem viel größeren Gleitwinkel als bei der Formgebung vollzieht. Diese Erscheinung ist eine weitere indirekte praktische Bestätigung des entwickelten Hüllkurvengesetzes (S. 26).

Eine Gruppe von Duraluminproben bringt Abb. 61. Hier wurde bei den oberen drei Proben eine Zwischenglühung eingeschaltet. Durch das Nachglühen tritt hiernach die Zerrüttung, die beim Ziehprozeß entstanden ist, noch besser in Erscheinung; denn die nichtgeglühten Proben zeigen nach dem Zerreißen der Kerbproben keine Zerrüttungsflächen oder nur geringe Andeutungen derselben, nachdem der Werkstoff vor dem Einkerben noch bis zur Höchstlast kaltgereckt worden war. Diese Erscheinung deckt sich mit der Tatsache, daß **durch Nachglühen von ermüdetem Material die Ermüdungswirkung sowohl infolge statischer als auch dauernder Beanspruchung vermehrt wird**[11, 37].

In Abb. 62 finden wir nun zwei Aluminiumsorten, die in steigendem Maße kalt vorgereckt wurden. Bei der oberen Gruppe (Handelsaluminium) erschienen wieder die Zerrüttungsflächen, die mit stärkerer Vorbeanspruchung immer deutlicher wurden. Die untere Gruppe (sehr reines Aluminium) zeigte aber die Zerrüttung nicht. **Je reiner ein Werkstoff ist, je weniger wird er mithin der Zerrüttung anheimfallen.** Eine geringe Zerrüttungsfähigkeit ist stets mit einer großen Einschnürfähigkeit am Zugstabe verbunden. Das hier untersuchte reine Aluminium hatte die erhebliche Einschnürung von 97%. Im Gegensatz hierzu sind Legierungen meist sehr zerrüttungsfähig und reißen, wie schon an Hand der Abb. 59 hervorgehoben wurde, an der meistbeanspruchten Stelle vorzeitig ein.

Einige weitere Bruchformen finden sich in Abb. 63a. Während sehr verformungsfähige Werkstoffe an jeder Probenhälfte einen Fließkegel ausbilden (Aluminium, Elektrolyteisen), reißen weniger dehnfähige Stoffe, besonders wenn sie kaltverformt waren, in Trichter und Kegel, welche ihre Entstehung vorzerrütteten Flächen verdanken (stark gezogenes Kupfer).

Meist sind die heutigen Werkstoffe so, daß sichtbare Fehlstellen in den Bruchflächen von Kerbproben selten anzutreffen sind. Treten sie aber auf, so erscheinen sie nach Abb. 63b sehr deutlich.

Zu erwähnen ist noch, daß ein stärkeres Fließen der einen Probenhälfte nach Abb. 40 nicht auf einen Material-

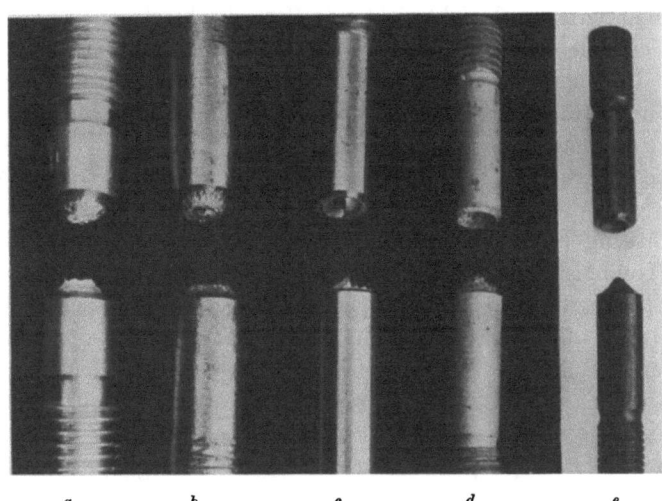

Abb. 63a. Bruchprofile verschiedener Werkstoffe. *a* Aluminium A. Al.; *b* Elektrolyteisen; *c* Baustahl St 48; *d* Magnesium; *e* hartgezogenes Kupfer Cu II.

Abb. 63b. Fehlstellen in der Bruchfläche. *a* Duralumin; *b* Elektrolyteisen; *c* Baustahl St 48; *d* Kupfer Cu II gezogen.

fehler zurückgeführt werden braucht, sondern auf einer Gleichwertigkeit zweier verschiedener Gleitrichtungen beruhen kann.

Bei Kenntnis des Gleitflächenmechanismus im Vielkristall, der Zerrüttungserscheinungen und des Einflusses der inneren Inhomogenität auf die Sprödigkeit läßt sich also aus dem Aussehen der Bruchflächen recht viel über den Zustand des zu prüfenden Werkstoffes aussagen.

## 9. Problemstellung der Metallermüdung*.

Kürzlich haben Dawidenkow und Schewandin sehr aufschlußreiche Versuchsreihen zum Nachweis der Trennfestigkeitsverminderung in verschiedenen Ermüdungsstadien des Schwingungsversuchs veröffentlicht[75]. Da eine Trennfestigkeitsminderung nach plastischer Inanspruchnahme als Folge einer inneren Zerrüttung auftritt[4, 11, 15], so verdeutlichen diese Versuche (auch nach Ansicht obiger Verfasser) die von Sachs und Laute festgestellte Erscheinung, daß intermediäres Ausglühen im Verlauf ermüdender Schwingungsbeanspruchung dem Werkstoff nicht seine ursprüngliche höhere Schwingungsfestigkeit wiedergibt[37].

Als Beitrag zur Klärung der mechanischen Natur des Ermüdungsvorganges haben sich die Verfasser die weitere Aufgabe der Nachprüfung gestellt, ob bei plastisch schwingender Beanspruchung ebenfalls wie beim statischen Reckvorgang[8, 11] der Trennfestigkeitsminderung die übliche Trennfestigkeitserhöhung vorausgeht. Und sie verneinen auf Grund ihrer Versuchsergebnisse nicht nur diese Frage, sondern glauben damit auch die Richtigkeit für die Schwingungsfestigkeitsformel nach Kuntze[62*] anzweifeln zu müssen.

---
* Original: Metallwirtsch. Bd. 10 (1931) S. 895—897.

* Nach dieser Formel ist die Schwingungsfestigkeit $\sigma_D = (\sigma_R^n - \sigma_B) \frac{s_{TII}}{s_{TO}}$, worin $s_{TII}$ die Trennfestigkeit des statisch bis zur Höchstlast vorgereckten Werkstoffes, $s_{TO}$ die Trennfestigkeit im ungereckten Zustand bedeutet; $n$ ist ein konstanter, allen plastischen Werkstoffen zugehöriger Faktor und beträgt nach bisherigen Ermittlungen bei Zug-Druck-Schwingungs-Maschinen 1,079, bei Biegeschwingungs-Maschinen 1,074.

Ein damit aufgeworfener Gegensatz zwischen den Auffassungen Sachs-Laute einerseits und Kuntze anderseits besteht indessen in Wirklichkeit nicht*. Vielmehr dürfte die in der eingangs angeführten Veröffentlichung zum Ausdruck gebrachte Gedankenfolge den Sinn genannter Formel nicht richtig treffen; die beschriebenen Versuche sind nämlich nur bei Beanspruchungen oberhalb der Ermüdungsgrenze (Schwingungsfestigkeit) durchgeführt worden. Daß dort vornehmlich Ermüdung, also erhebliche Trennfestigkeitsabnahme anzutreffen ist, besagt aber auch die Formel; denn sie stellt fest, daß Stoffe, die bei statischer Reckung vor Beginn der Zerrüttung (Einschnürung) ein großes Verfestigungsgebiet (Trennfestigkeitserhöhung) aufweisen[11], auch beim Schwingungsversuch verhältnismäßig hoch ins plastische Gebiet ohne Ermüdungsgefahr beansprucht werden dürfen, und deren Schwingungsfestigkeit daher entsprechend hoch ins plastische Gebiet reicht. Die Ermüdung oberhalb der Schwingungsfestigkeit ist aber ebenfalls für die Formel Bedingung. Ganz anders ist die Überlegung, die

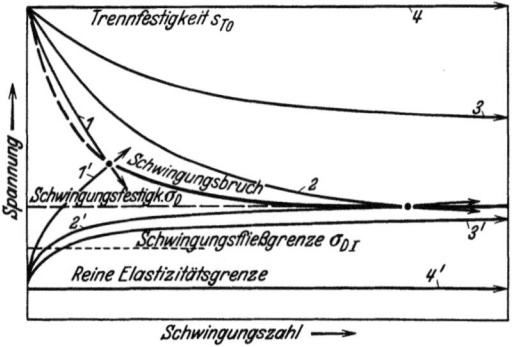

Abb. 64. Schematisches Entstehungsbild des Schwingungsbruches aus Trennfestigkeitsverlauf (1, 2, 3, 4) und Amplitudenverlauf (1', 2', 3', 4').

genannte Verfasser in Verbindung mit der Formel getätigt haben. Sie nehmen an, daß oberhalb der Schwingungsfestigkeit bei niedrigen Schwingungszahlen Trennfestigkeitserhöhung, bei hohen Schwingungszahlen Trennfestigkeitserniedrigung eintreten müßte.

Schematisch lassen sich die Vorgänge mit Abb. 64 veranschaulichen. Der Fall 1 (Linie 1 = Trennfestigkeitsminderung, 1' = Anwachsen der Amplitude mit zunehmender Schwingungszahl) stellt eine Beanspruchung oberhalb der Schwingungsfestigkeit dar, bei welcher infolge Zerrüttung die Trennfestigkeit mit zunehmender Schwingungszahl ständig fällt, womit die Bruchursache gegeben ist. Fall 2 betrifft eine Beanspruchung gerade in Höhe der Schwingungsfestigkeit, Fall 3 etwas unterhalb derselben. Die Trennfestigkeit (Linie 3) fällt hier nur so allmählich ab, daß sie im praktischen Bereich (bis zu $10^6$ Schwingungen für Stahl, $10^7$ für Nichteisenmetalle) noch erheblich über der Schwingungsfestigkeit liegt und erst bei einer praktisch unendlichen Anzahl von Schwingungen bis zur Schwingungsfestigkeit herabsinken würde. Fall 4 spielt sich nur im rein elastischen Gebiet ab und weder Trennfestigkeit noch Formänderungswiderstand (Amplitude) verändern sich.

---

\* Die Niederschrift vorliegender Gedankengänge erfolgte nach eingehender Aussprache mit Herrn Dipl.-Ing. K. Laute, der ich mancherlei Anregungen verdanke.

Aus dieser Darstellung ergibt sich, daß der Schwingungsbruch immer im Kreuzungspunkt vom Trennfestigkeitsverlauf (1, 2, 3) und Amplitudenverlauf (1', 2', 3') liegt. Die Verbindungslinie aller Schwingungsbrüche in Abhängigkeit von Amplitude und Schwingungszahl muß daher links auf die Trennfestigkeit des Ausgangsmaterials hinstreben, wenn auch dieser Grenzfall praktisch wohl kaum zu verwirklichen ist. Man kann also auf Kosten der Schwingungszahl die Schwingungsfestigkeit erhöhen. Damit ist aber der Sicherheit nicht gedient. Man erwartet vielmehr, daß sehr viele Schwingungen ertragen werden. Unter der Voraussetzung höherer Schwingungszahlen, also rechts im Bild, verläuft die Verbindungslinie der Schwingungsbrüche fast parallel mit der Achse der Schwingungszahlen[29] und man hat die hier fast unveränderliche Amplitudenhöhe mit der „Schwingungsfestigkeit" gleichgesetzt und als praktisches Kriterium für die Ermittlung derselben angenommen, daß nach $10^6$ Schwingungen für Stahl und $10^7$ Schwingungen für Nichteisenmetalle ein Bruch noch nicht eingetreten sein darf.

Leider ist man gezwungen, den Zerrüttungsvorgang im Verlauf plastischer Schwingungen als unabänderliches Ereignis hinzunehmen. Die Werkstoffe besitzen jedoch selbst eine Eigenschaft, die dem Zerrüttungsvorgang entgegenwirkt. Das ist die Verfestigungsfähigkeit. Ohne Frage muß bei Zunahme des Formänderungswiderstands zugleich die Trennfestigkeit zunehmen, aber diese Zunahme ist bei kleinen plastischen Formänderungen viel geringer als diejenige des Formänderungswiderstands[4] und wird überdeckt von der Zerrüttung infolge des Richtungswechsels der plastischen Verformung. Die Zerrüttung summiert sich aus den Anteilen aller Schwingungen, die Verfestigung ist aber im großen und ganzen nur abhängig von der einmalig erreichten geringen plastischen Verformung und fast nicht von der Anzahl der Schwingungen[29]. Daher muß die Zerrüttung überwiegen. Es tritt also nicht bei den ersten Schwingungen Verfestigung und bei den folgenden Zerrüttung ein, sondern von vornherein überdecken sich beide mit einem Überschuß an Zerrüttung (Kurven 1, 2, 3). Wechseltorsionsversuche mit Einkristallen von Fahrenhorst und Schmid[88] ergaben im Gegensatz hierzu zunächst einen Überschuß an Kohäsionsverfestigung, jedoch sind entsprechend der Erklärung der Zerrüttung auf S. 55 und 46 die Vorgänge am Vielkristall quantitativ anders zu werten als am Einkristall.

Nun ist bei der üblichen Schwingungsprüfung die Wegamplitude als unveränderlich gegeben und die Spannungsamplitude ist infolge der Verfestigung veränderlich. Gleichzeitig mit der Verfestigung wird die Plastizität mehr und mehr ausgeschaltet, die Schwingungen werden elastischer, und infolgedessen wird bei wachsender Schwingungszahl die Spannungsamplitude um so größer je verfestigungsfähiger der Werkstoff ist. Damit wird wiederum die Zerrüttung (Ermüdung) verlangsamt[29]. Es werden also bei wachsender Schwingungszahl Spannungsamplitude und Trennfestigkeit zuerst schnell zu- bzw. abnehmen, dann aber sich einem konstanten Verlauf nähern, wie es die Kurven 3' und 3 verbildlichen. Die Verfestigungsfähigkeit wirkt also — abgesehen von der entgegengesetzt wirkenden Zerrüttung — erstens unmittelbar trennfestigkeitserhöhend, zweitens mittelbar — weil die Plastizität eingeschränkt wird — zerrüttungshemmend.

Die Grunderscheinungen der Verfestigung und Zerrüttung sind nun allen plastischen Beanspruchungsarten, der statischen, schlagartigen, wechselnden und dauernden eigen. Daher ist auf dieser Basis eine Beziehung z. B. zwischen gleichgerichteter statischer und wechselnder Dauerbeanspruchung wohl möglich. Wenn in der Literatur eine solche Beziehung immer wieder in Abrede gestellt wird, so liegt das daran, daß in der klassischen Materialprüfung man den Vorgang der Zerrüttung oder Ermüdung bei gleichgerichteter statischer Beanspruchung nicht erkannt hat und vor allem daran, daß eine Kennziffer für die Trennfestigkeit als Kriterium für die Zerrüttung noch nicht Eingang gefunden hat.

Andererseits begreift man bei Kenntnis dieser Grundlagen, daß die Schwingungsfestigkeit nicht in einer unmittelbaren Abhängigkeit zur statischen Zugfestigkeit oder Streckgrenze, also zu Gleitwiderständen, stehen kann, da ja der Schwingungsbruch schließlich doch ein Trennungsbruch ist, und daß eine mögliche Beziehung zu statischen Kennziffern den Trennfestigkeitsbegriff einschließen muß. Vom Standpunkt der Kohäsionsforschung empfiehlt es sich, alle Brüche, auch die mit plastischer Verformung verbundenen, dann als Trennungsbruch zu bezeichnen, wenn sie in einer endlichen Bruchfläche abreißen. Eine Ausnahme bilden also nur Stoffe, die unter dem Einfluß temperaturabhängiger Erweichung sich in eine Spitze ausziehen lassen, z. B. Blei bei Zimmertemperatur.

Kann also die statische Zugfestigkeit keine unmittelbare Beziehung zur Schwingungsfestigkeit haben, weil erstere einen reinen Gleitwiderstand darstellt, letztere aber von der Trennfestigkeit mitbestimmt wird, so dürfte es indessen wohl begründet sein, die statische Zugfestigkeit zum Fließbeginn beim Schwingungsversuch in eine Beziehung zu bringen, weil auch letzterer ein Gleitbegriff ist. Setzt man also die (zunächst ideelle) Schwingungsfließgrenze

$$\sigma_{DI} = f(\sigma_B),$$

so kann man aus obiger Erörterung weiterschließen, daß die Schwingungsfestigkeit $\sigma_D$ um so höher über $\sigma_{DI}$ liegt, je besser die Verfestigungsfähigkeit des Werkstoffes ist.

Die Verfestigungsfähigkeit wäre dem statischen Versuch zu entnehmen und mit Hilfe der Trennfestigkeit auszudrücken, um zugleich dem Charakter des Trennungsbruches Genüge zu leisten. Die Verfestigungsfähigkeit des Werkstoffes ergibt sich dann mit Hilfe der Trennfestigkeit $s_{TO}$ des unverformten und der Trennfestigkeit $s_{TII}$ des bis zum Zerrüttungsbeginn (Höchstlast beim statischen Zugversuch) verformten Werkstoffes als einfache Zahl $s_{TII}/s_{TO}$; denn die Kohäsionsverfestigung verläuft linear mit der Verformung. Mit Hilfe des erhöhten Formänderungswiderstandes infolge der Verfestigung wäre dieser einfache Weg der Proportionalität nicht gangbar, weil sie nicht proportional mit der Verformung abläuft. Aus obigem folgt nun für die Schwingungsfestigkeit

$$\sigma_D = \sigma_{DI} \frac{s_{TII}}{s_{TO}}.$$

Mit experimenteller Ermittlung der Werte $\sigma_D$, $s_{TII}$, $s_{TO}$ ließ sich die Schwingungsfließgrenze $\sigma_{DI}$ für die verschiedensten Werkstoffe ermitteln und sie ergab tatsächlich eine kontinuierliche Beziehung[62] zur statischen Zugfestigkeit von der Form $\sigma_{DI} = \sigma_B^n - \sigma_B$. In der schematischen Darstellung in der Abbildung ist die Schwingungsfließgrenze punktiert eingezeichnet. Es ist dabei zu berücksichtigen, daß sie bei hoher Schwingungszahl nicht mehr vorhanden ist, weil die Schwingungen elastisch geworden sind und die Plastizität im Laufe der Schwingungshäufung verlorengegangen ist. Sie war also nur zu Beginn vorhanden. Daß es eine solche spezifische Grenze in Wirklichkeit gibt, konnte bei den ersten Lastwechseln (Wechselfließgrenze) nachgewiesen werden[2].

Die Unterschiede $s_{TII} - s_{TO}$ und $\sigma_D - \sigma_{DI}$ zeigen ein verfestigungsfähiges plastisches Gebiet an, welches im statischen Falle ermüdungsfrei ist, im Falle der Schwingung die Ermüdung nach Verlauf der ersten Schwingungen zum Stillstand bringt.

Die Versuche Dawidenkows und seines Mitarbeiters stehen mithin in keinem Gegensatz zu den Anschauungen, die der Schwingungsfestigkeitsformel zugrunde liegen. Sie bestätigen im Gegenteil die schon häufig veröffentlichte Auffassung[4, 11, 15, 41, 62, 76], daß die mechanische Aufklärung des Ermüdungsvorganges in einer Zerrüttung des Kohäsionswiderstandes zu suchen ist. Damit bedeuten sie einen praktischen Fortschritt in der modernen Behandlung des Schwingungsproblems.

## 10. Bedeutung und Anwendung.

Da es bislang nicht üblich war, mit der Trennfestigkeit als Werkstoffkonstante in Theorie und Praxis zu arbeiten, weil es an ihrer begrifflichen Umrahmung und Ermittlungsmöglichkeit fehlte, wird sie nach Überwindung dieser Schwierigkeiten nunmehr Einfluß auf die Anschauungen über das Versagen und auf die prüftechnische Erfassung des Werkstoffes sowie auf eine zeitgemäße Konstruktionsberechnung gewinnen können.

### a) Theorie.

Kristallographische Grundlagen.

Auf den ersten Blick steht die Tatsache des funktionellen Zusammenhanges zwischen Gleiten und Trennen und der Abhängigkeit des Schubwiderstandes von der Normalspannung beim Kristallhaufwerk im Widerspruch zu den beim Einkristall gefundenen Gesetzmäßigkeiten. Beim Kristall sind Gleit- und Spaltflächen von Natur gegeben und das Gleiten erfolgt bei einer charakteristischen Schubspannung, die gänzlich unabhängig von der Größe einer gleichzeitig wirkenden Normalspannung ist und ebenfalls ist für das Reißen (Spalten) eine kritische Normalspannung maßgebend[38, 39, 40, 78].

Um sich diese zunächst widersprechenden Ergebnisse erklären zu können, muß man sich die banale, einen vielkristallinen Körper durchdringende Gleit- und Trennfläche als eine Kette aneinandergereihter, verschieden gerichteter, bevorzugter Kristallgleitflächen etwa nach Abb. 65a und b vorstellen. Für diese Darstellung spricht das stets unebene Aussehen banaler vielkristalliner Gleitflächen (Abb. 66). Im Haufwerk wird also sowohl beim Gleiten (Abb. 65a und c) als auch beim Trennen (Abb. 65b) gleichzeitig ein inneres kristallines Gleiten und Spalten auftreten müssen. Daraus ginge schon der kontinuierliche Zusammenhang zwischen dem komplexen Gleiten und Trennen beim Kristallhaufwerk, wie er im Hüllkurvengesetz gegeben ist, hervor.

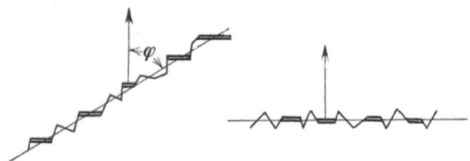

Abb. 65a und b. Schematische Auflösung einer banalen Gleit- bzw. Trennungsfläche des Vielkristalls in kristalline Gleit- und Spaltelemente. Die senkrecht zur Kraftrichtung liegenden Spaltflächen sind durch Doppelstriche gekennzeichnet.

Von ausschlaggebender Wirkung scheinen aber die auf Spalten beanspruchten Kristallflächen zu sein, welche senkrecht zur Zugachse liegen. Sie sind in den Abb. 65a und b durch Doppelstriche gekennzeichnet. Im Falle a treten die gespaltenen Flächen unter einem Winkel $90 - \varphi$ zur Gleitrichtung auf und je mehr der Gleitwinkel $\varphi$ (Winkel zwischen Gleitrichtung und Zugachse) sich $90°$ nähert, je mehr wird sich die Richtung der gespaltenen Flächen der banalen Gleitrichtung nähern und das Gleiten in ihr erleichtern, womit der Schubwiderstand in Übereinstimmung mit dem Hüllkurvengesetz abnimmt. Im Grenzfall (Abb. 65b) fallen die kristallinen Spaltflächen in die banale Gleit- bzw. Trennungsfläche. Es sind dann zwar aus theoretisch-mechanischen Gründen

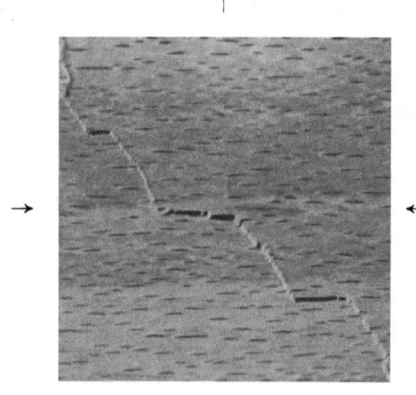

Abb. 65c. Modellversuch an getrocknetem Buchenholz zur Darstellung von gleichzeitigem Gleiten und Spalten. Die geschichtete Struktur des Holzes eignet sich sehr gut zur Illustrierung der Vorgänge im Kristall. Der Zusammenhang ist in der schräggerichteten banalen Gleitfläche trotz verstreuter Aufspaltungen in Flächen senkrecht zur Zugrichtung noch nicht vollständig unterbunden.

auch keine Schubspannungen mehr da, dafür ist aber die Trennung dadurch erleichtert, daß die Gleitflächen im Gegensatz zu Abb. 65a in einer fortlaufenden Richtung liegen. Ganz abgesehen davon, daß die dadurch hervorgerufene innere Inhomogenität das Weiterreißen ganz außerordentlich begünstigt.

Mit dieser elementaren, den Mechanismus in allen Einzelheiten durchaus nicht genau treffenden Vorstellung kann man sich nicht nur den kontinuierlichen Zusammenhang zwischen Gleiten und Trennen am Haufwerk erklären, sondern auch ersehen, daß die Trennfestigkeit des Vielkristalls trotzdem eine Funktion der Spaltfestigkeit des Kristalls ist, und ihr daher auch die charakteristische Bedeutung zukommt, welche ihr Ludwik seit Jahren vorausgesagt hat. Die mit dem Gleiten nach Abb. 65a und b verbundenen Aufspaltungen könnten dann eine Erklärung für die plastische Zerrüttung während der Verformung abgeben[4, 8, 11, 15, 16, 41].

Daß die Gleit- und Trennwiderstände im Vielkristall aber viel größer als im Einkristall sind, liegt an der allseitigen Umschließung der einzelnen Kristallite durch benachbarte Kristallite anderer Gleitflächenorientierung und läßt sich quantitativ wohl schwer erfassen. Bemerkenswert ist aber immerhin die Tatsache, daß am Kristall das Verhältnis Reißfestigkeit : Gleitfestigkeit bei einem verformungsfähigen Stoff wie Zink etwa 2:1 beträgt, während dies Verhältnis bei dem spröden Wismut auf 1,5:1 herabfällt[42]. Fast gleiche Verhältniszahlen ergibt der Quotient bei einem verformungsfähigen bzw. spröden Vielkristall, wobei allerdings für den spröden Stoff die Trennfestigkeit durch Inhomogenität gemindert ist.

Ebenso wie in der gekerbten Probe der Gleitwiderstand an der Stelle ungünstigster Beanspruchung überwunden wird und sich als Folge eine durchlaufende banale Gleitfläche ausbildet (S. 30), ebenso entsteht im Kristall zunächst eine lokale Gleitung, die sich zur durchlaufenden Gleitebene entwickelt[79].

Das Gleiten wie auch das Reißen geschieht demnach von Natur aus nacheinander, sowohl in den Atomreihen als auch im makroskopischen Körper. Darum kennen wir praktisch keine Festigkeiten vom Grade der atomaren Kohäsion. Griffith erreichte eine mehrhundertfache Steigerung der Festigkeit beim Zerreißen sehr dünner Quarzfäden, weil die äußerst geringe Querschnittsdimension den Einfluß der inneren Inhomogenität herabmindert. Bei der Methode der Trennfestigkeitsermittlung wird ebenfalls durch kleine Probenquerschnitte und tiefe Einkerbung der Einfluß der gestaltlichen Inhomogenität ausgeschieden. Die Trennfestigkeit ist damit eine vom Körpereinfluß befreite Materialeigenschaft, während sie den Einfluß der inneren (stofflichen) Inhomogenität als charakteristischen Eigenschaftsbestandteil noch in sich trägt.

Die Eigenschaften der Kristalle sind nach obigen Erörterungen qualitativ von großer Bedeutung für die Vorgänge im Kristallhaufwerk, wenn auch das komplexe Verhalten der Werkstoffe sich in quantitativer Hinsicht aus den Festigkeitselementen der Kristalle nur schwer voraussagen lassen wird.

### Hypothesen der elastischen Kontinua.

Es ist ein großer Vorzug der klassisch-methodischen Materialprüfung, daß sie mit methodisch klar definierten, den Beanspruchungsformen der Wirklichkeit angepaßten und leicht ermittelbaren Festigkeitskennziffern die praktische Anwendungsmöglichkeit der Werkstoffe außerordentlich zu steigern vermochte. Gleichzeitig mit diesem Vorzug beherbergt sie aber einen ebenso großen und für die

Vervollkommnung der Prüftechnik hinderlichen Nachteil, indem die methodischen Grundlagen nicht gestatten, von einer Beanspruchungsform auf die andere zu schließen, um auch für komplizierte Fälle — die ja heute sowohl hinsichtlich der Konstruktion als auch der Stofflegierung die Regel bilden — Voraussagungen machen zu können. Daher läßt sich eine notwendige Umstellung der prüftechnischen Grundsätze unschwer voraussagen, die zugleich den dauernden und notwendigen Bestrebungen nach brauchbaren Festigkeitshypothesen eine solidere Basis geben könnte.

Die mehr oder weniger anerkannten Festigkeitshypothesen fußen alle darauf, die Werkstoffe als elastische Kontinua zu betrachten, deren Haltbarkeit durch einen bestimmten Betrag elastischer Anstrengung begrenzt ist[43, 44, 45, 46, 47, 48]. So hat man die größte elastische Zugbeanspruchung, die größte elastische Dehnung, die größte Hauptspannungsdifferenz, die Quadratsumme der Hauptspannungsdifferenzen u. a. als Materialkonstante für das Versagen verantwortlich gemacht und zum Teil auch angenommen, daß diese Formulierungen ein Naturgesetz ausdrücken, wie im Falle des letztgenannten als konstante elastische Gestaltsänderungsenergie zu deutenden Ausdrucks. Es hat sich aber herausgestellt, daß sie alle keine allgemeine Gültigkeit besitzen und daß es immer Fälle gibt, in denen die eine oder andere Theorie nicht erfüllt wird. Insbesondere wird Druck- und Zugbeanspruchung als gleichwertig angesehen und der Tatsache nicht Rechnung getragen, daß bei genügender Steigerung allseitig gleichen Zugs eine Zerstörung eintreten muß.

Diese Auffassungsrichtung, welche die Überwindung des Kohäsionswiderstandes ganz unberücksichtigt läßt, hat wohl mit Rücksicht auf die Vormachtstellung der Elastizitätstheorie die meisten Anhänger. Ihr gegenüber steht eine andere Richtung, die mit Rücksicht auf ihre Neuorientierung der Stoffkunde leider noch nicht genügend berücksichtigt wird.

### Inhomogenitätshypothese.

Sie geht von den inneren Inhomogenitäten des Stoffes aus und findet in der Griffithschen Bruchtheorie sprö-

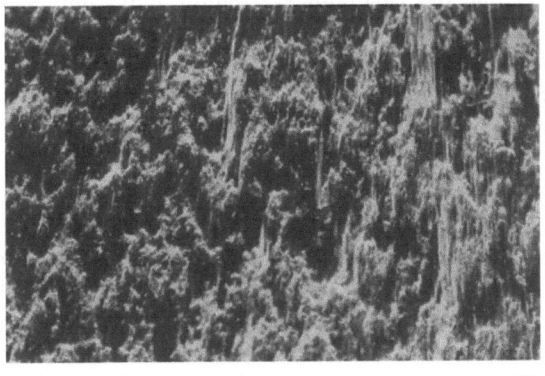 

Abb. 66. Aufnahmen von banalen Gleitflächen (ungeätzt) nach erfolgtem Zerrüttungsbruch bei Schlag-Druckversuchen an Messingzylindern. Die hellen Kratzer deuten die Richtung der wirksamen Schubspannung in der Trennungsfläche an, während die verschwommene, breitstreifige diagonale Struktur in den vergrößerten Bildern auf den inneren Gleitmechanismus schließen lassen.

der Körper ihren Ausdruck[45, 49, 50, 51]. Nach ihr ist nur die Zugbeanspruchung für die Zerstörung verantwortlich zu machen und wenn ein Körper äußerlich auf Druck beansprucht wird, so tritt die Zerstörung infolge innerer Zugwirkung in den am stärksten gespannten Zonen ein (vgl. Abb. 67). Bei allseitig gleichem Druck wird dieser Vorgang wirkungslos, bei allseitig gleichem Zug tritt Trennung ein. Diese Hypothese ist also umfassender als die vorgenannten. Sie führt aber — und das ist ihr Hauptinhalt — die Festigkeit auf die atomare Kohäsion zurück und erklärt die viel geringere technische (mittlere) Festigkeit damit, daß die aufgewandten Energien sich an einer von Natur gegebenen Stelle, z. B. einem Riß, häufen und dort den Bruch einleiten. Im selben Sinne ist nach Smekal die geringe Festigkeit der Einkristalle auf die Lockerstellen im Atomgitter zurückzuführen[50, 5, 6].

Die Griffithsche Theorie ist für die praktische Materialprüfung deshalb nicht geeignet, weil sie den Energieaufwand zum Weiterreißen aus der Oberflächenenergie herleitet und die Kenntnis der Rißlänge voraussetzt. Für das Wesen der Vorgänge ist sie aber von umfassender grundlegender Bedeutung.

## Technisches Kohäsionsproblem.

Wir legen uns nun die Frage vor: Wie lassen sich die obigen Auffassungen für die praktische Materialprüfung auswerten und wie gliedert sich hierbei die technische Kohäsion ein?

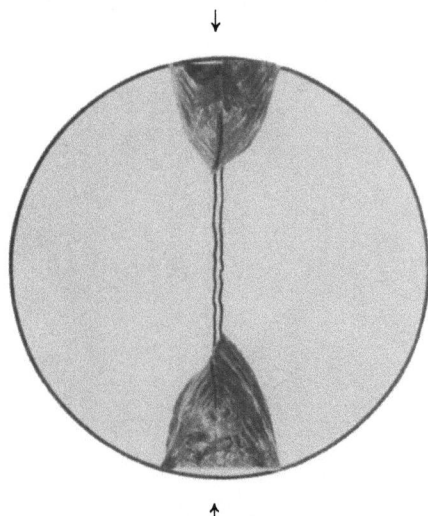

Abb. 67. Zerstörung einer Stahlkugel durch äußeren einachsigen Druck. Es bilden sich Druckkegel aus, welche die Kugel unter Kohäsionsüberwindung auseinandersprengen. Die Trennungsfläche verläuft zum Teil diametral in der äußeren Druckrichtung, zum Teil entlang den zerrütteten Schubflächen (Kegelmantel), die unter dem Einfluß wirksamsten Schubes entstanden sind. Auch die Kegel sind in Fortsetzung der senkrechten Trennungsfläche zur Hälfte aufgespalten. Der Übersicht halber sind nur die Druckkegel durch Lichtbild aufgenommen und die restlichen Kugelteile skizzenmäßig durch Umkreisung angedeutet.

Zunächst wollen wir auf Grund der bisherigen Erkenntnisse klar sondieren: Die Elastizitätstheorie gibt die Möglichkeit, aus der Kenntnis der Dehnung im rein elastischen Gebiet den Spannungszustand zu ermitteln. Für das Versagen ist aber nicht eine begrenzte elastische Anstrengung maßgebend, sondern eine unabhängig von den elastischen Eigenschaften zu ermittelnde stoffliche Widerstandsgröße, die zu den elastizitätstheoretisch zu ermittelnden Spannungszuständen in empirisch-gesetzmäßiger Abhängigkeit stehen kann. Mit anderen Worten: Anspannung und Festigkeit sind ursächlich getrennt zu behandeln. Das Widerstandsgesetz haben wir beispielsweise für das mehrdimensionale Zuggebiet als Hüllkurve ermittelt, es soll für Körper beliebiger Form und Belastung gültig sein.

Weiter machen wir uns das Wesen des Griffithschen Mechanismus zu eigen. Wir nehmen als grundsätzlich an, daß im Beisein von Inhomogenitäten irgendwelcher Art die Energien an eine Stelle geschafft werden (Spannungsspitzen) und dort die Festigkeit überwunden werde. Dieser Mechanismus wirke sich nicht nur zwischen den Atomzeilen aus, sondern sei gültig bis in die grobmakroskopischen Verhältnisse, die wir bei der konstruktiven Einkerbung vorfinden. Wir machen also hinsichtlich des Wesens der Auswirkung keinen Unterschied zwischen feinverteilter innerer (stofflicher) und grober äußerer (konstruktiver oder mechanischer) Inhomogenität (siehe Abb. 15 und 70).

Bei stofflicher Inhomogenität führt Griffith die Festigkeit unter Ausschluß von Plastizität auf die atomare Kohäsion zurück. Davon wollen wir im technischen Sinne absehen. Wir nehmen also die stofflichen Inhomogenitäten als unabwendbar, ja sogar als charakteristisch an und lassen es auch dabei bewenden, daß zu den kristallinen Lockerstellen und Rissen kleinsten Ausmaßes im Smekalschen Sinne[5, 6, 50] noch die Inhomogenitäten der Legierung, der Korngrenzen und sonstige des Herstellungsprozesses hinzukommen, vorausgesetzt, daß sie mikroskopische Kleinheit behalten.

Wie nun die atomare Kohäsion eine Stoffkonstante im physikalischen Sinne ist, so betrachten wir die Festigkeit des technischen Stoffes als technische Stoffkonstante und nennen sie bei Ausschluß von Plastizität als Ausdruck für den technischen Kohäsionswiderstand die „Trennfestigkeit". Auf diesen Grundwert führen wir bei spröden Werkstoffen die Festigkeit eines makroskopisch gekerbten oder eines vielgestaltigen Körpers zurück, so, wie Griffith aus der atomaren Kohäsion die Festigkeit eines spröden, inhomogenen Stoffes herleitet.

Den Griffithschen Gedanken müssen wir aber auf die Plastizität erweitern. Haben wir einen spröden Körper, so gelte nur die Trennfestigkeit als Grundlage. Bei plastischen Stoffen gelte als Grundlage ein je nach dem Spannungszustand veränderlicher Schubwiderstand, welcher bei Kenntnis des Spannungszustandes und der Spannungsverteilung unter der Spannungsspitze wirksam werde, im selben Sinne wie die Trennfestigkeit bei einem spröden Körper oder die atomare Kohäsion im Griffithschen Mechanismus. Die Schubwiderstände ermitteln wir — wie wir wiederholen wollen — an gekerbten Proben von möglichst kleinen Abmessungen unter Eliminierung des Einflusses einer unterschiedlichen Spannungsverteilung. Ihre Gleitwinkel sind dem entwickelten Hüllkurvengesetz zu entnehmen.

Da nach der Griffithschen Bruchhypothese auch bei gedrückten Körpern das Versagen in den gezogenen Zonen eintritt, so würde das im Bereich zwischen reinem Schub und allseitig gleichem Zug gültige Hüllkurvengesetz allen Ansprüchen der Festigkeitsermittlung von Körpern genügen, wenn man von der örtlichen Druckverformung absieht. Tritt bei allseitig gleichem Druck nirgends Zugbeanspruchung in einem Körper auf, so ist er nicht zerstörbar.

Der gesamte Komplex der mit dem Spannungszustand veränderlichen Schubfestigkeit sei im technischen Sinne als Kohäsionsfestigkeit bezeichnet, nicht nur mit Rücksicht darauf, daß die Schubfestigkeit im Grenzfall auf die Trennfestigkeit führt, sondern daß für die Veränderlichkeit der Schubfestigkeit die Spaltfestigkeit der Kristalle mit maßgebend ist.

## Schubwiderstandsgesetz.

Wir haben mit der Entwicklung des Schubwiderstandsgesetzes für das Kristallhaufwerk keine neue Festigkeitshypothese aufgestellt, sondern an einem elementaren Körpersystem von schematischem Charakter und unter Ausfüllung eines vollständigen zwischen Grenzwerten liegenden Bereichs die Festigkeit prüftechnisch ermittelt und das Ergebnis mit Rücksicht auf die Allgemeingültigkeit und Anwendbarkeit in Beziehung zum elastischen Spannungszustand funktionell geordnet.

Streng genommen gibt es also hierbei für wechselnde Spannungszustände keine bezogene Festigkeit mehr. Die bekannten Festigkeitshypothesen (außer der von Griffith) führen den dreidimensionalen Spannungszustand ($s_1$, $s_2$, $s_3$) auf den eindimensionalen ($s_1$; $s_2 = 0$; $s_3 = 0$) zurück, d. h. die bezogene Festigkeit ist die am Zugstab ermittelte. Unter Berücksichtigung der entwickelten Gesetzmäßigkeit der Hüllkurve oder der empirischen Festigkeitsgeraden läßt sich der Begriff der bezogenen Festigkeit wieder einführen und auf den dreidimensionalen gleichen Zustand ($s_1 = s_2 = s_3$) erweitern, d. h. als bezogene Festigkeit tritt bei mehrdimensionaler Zugbeanspruchung zur Festigkeit des Zugstabes die Trennfestigkeit hinzu.

Bei Einteilung des gesamten Gebietes dimensional variierter Beanspruchungsmöglichkeiten nach Abb. 68 in 4 Gruppen, die durch das Verhältnis der kleinsten Hauptspannung $s_3$ zur größten $s_1$ gekennzeichnet sind, läßt sich erkennen, daß die Gruppe für den räumlichen Zug bisher nicht untersucht wurde. Die vorliegenden Untersuchungen sollten diese Lücke ausfüllen. Zugleich ist diese Gruppe als die praktisch wichtigste anzusprechen, einmal wegen ihres häufigen Vorkommens, das andere Mal aus der Erkenntnis, daß die Zugbeanspruchung weit gefährlicher ist als die Druckbeanspruchung*. Die Ausfüllung der Felder I bis III mit Kerbversuchen bei gleicher Systematik und einheitlicher Probenform würde sich um so mehr empfehlen, als die unterschiedliche Spannungsverteilung hier weniger oder keine Schwierigkeiten bereitet. Torsionsversuche mit eingekerbten Proben ergaben bisher Werte für die reine Schubfestigkeit, die sich gut als Fortsetzung der Hüllkurve einordnen. Druckversuche mit gekerbten Proben nach Sachs[28] ergaben eine Zunahme der Festigkeit im Kernquerschnitt nach unendlich großen Werten hin für den Grenzzustand.

Man hat die höhere Festigkeit bei allseitigem Druck für die Festigkeitshypothesen nicht berücksichtigt und neigt nach Versuchsergebnissen, die sich in den Bereichen reiner Druck — reiner Schub — reiner Zug (Felder II und III, Abb. 68) abspielen, mehr der Ansicht zu, daß der Schubwiderstand in Parallele zu den Vorgängen am Einkristall im Grunde konstant bleibe und nur durch den Einfluß der mittleren Hauptspannung Abweichungen bis zu etwa 15% erfahre. Nach dem Hüllkurvengesetz ist aber der Schubwiderstand abhängig von der Normalspannung und schon aus diesem Grunde z. B. bei reinem Schub (Torsion) größer als bei Zug (Abb. 34).

---

* Gemeinsam mit A. Krisch durchgeführte Zug-Druckversuche an gekerbten Proben ließen an ihren Verformungsdiagrammen schon hinsichtlich des Fließbeginns die gefährlichere Beanspruchung unter Zug erkennen.

Der Einfluß der mittleren Hauptspannung auf den Schubwiderstand wurde von Lode[43, 53] nachgewiesen und von Sachs aus den Eigenschaften einzelner Kristalle abgeleitet[54]. Lode zeigt die Abhängigkeit des Schubwiderstandes (= größte Spannungsdifferenz $s_1 - s_3$) von der mittleren Hauptspannung $s_2$, deren Größenordnung durch den Wert $-1 \leq \eta \leq +1$ ausgedrückt ist. Dabei bedeutet $\eta = -1$, daß $s_2 = s_3$, ferner $\eta = 0$, daß $s_2 = \frac{s_1 + s_3}{2}$, und $\eta = +1$, daß $s_2 = s_1$ ist. Für $\eta = -1$ und $\eta = +1$ erreicht demnach der Durchmesser des zweitgrößten Spannungskreises seinen größten Wert, nämlich $s_1 - s_2 = s_1 - s_3$ bzw. $s_2 - s_3 = s_1 - s_3$, für $\eta = 0$ den kleinstmöglichen Wert $= \frac{s_1 - s_3}{2}$.

Da die Spannungskreise im Zuggebiet liegen, so müßte gegebenenfalls ihr Einfluß nach dem Hüllkurvengesetz

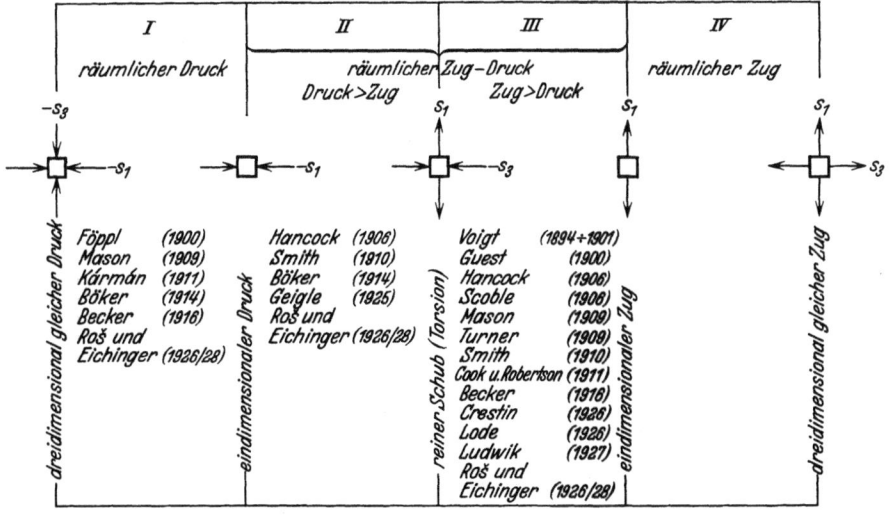

Abb. 68. Einteilung der räumlichen Beanspruchungen und Übersicht wichtiger Forschungen.

eine Verminderung des Schubwiderstandes hervorrufen, und das ist nach den Lodeschen Versuchsergebnissen auch tatsächlich der Fall; denn der Schubwiderstand wurde in den beiden Fällen am kleinsten gefunden, in denen die zweitgrößten Spannungskreise ihre größten Werte erreichen (bei $\eta = \mp 1$).

Nun ist hinsichtlich der Lodeschen Versuchsdurchführung zu erwähnen, daß mit der Veränderung von $\eta$ oder $s_2$ sich auch der eigentliche Spannungszustand ($s_1$, $s_3$) verändert, und zwar entspricht er für $\eta = -1$ dem reinen Zug und liegt bei $\eta = 0$ und $\eta = +1$ etwas in Richtung des reinen Schubs. Das würde mit Anwendung des Hüllkurvengesetzes bedeuten, daß in dieser Richtung der Schubwiderstand infolge des größten Spannungskreises zunimmt. Das stimmt mit den Versuchspunkten sehr gut überein, die (nach Abb. 11 bei Lode) bei $\eta = +1$ höher liegen als bei $\eta = -1$. Da Lode eine unveränderliche größte Schubspannung als Bezugsgröße angenommen hat, so ist in seinen Abweichungen von diesem Bezugswert für $\eta > -1$ nicht nur ein Einfluß der mittleren, sondern auch noch der größten Hauptspannung enthalten.

Der Einfluß der mittleren Hauptspannung ist also auf die zusätzliche Einwirkung des zweitgrößten Spannungskreises im Sinne des Hüllkurvengesetzes zurückzuführen. Und folglich wird der Schubwiderstand durch den Einfluß des zweitgrößten Spannungskreises im Zuggebiet verringert, im Druckgebiet vergrößert (Abb. 69). Die Wirkung wird am größten, wenn der zweite Spannungskreis gleich dem ersten, am kleinsten, wenn der zweite Spannungskreis gleich dem dritten ist. Die physikalische Ursache ist in dispersen Aufspaltungen auch infolge der mittleren Hauptspannung zu suchen, welche den Schubwiderstand des Werkstoffs zusätzlich schwächen (S. 46).

Die Hypothese der begrenzten elastischen Gestaltsänderungsenergie, welche im Bereiche der Lodeschen Versuche sich den wirklichen Verhältnissen noch einigermaßen anpaßt, kann, wie schon hervorgehoben wurde, keinen Anspruch auf Allgemeingültigkeit erheben. Wie sehr sie im bisher noch nicht untersuchten Bereich des mehrdimensionalen Zugs von der Wirklichkeit abweicht, illustriert Abb. 44. Die Hypothese vernachlässigt völlig die Existenz des Kohäsionswiderstands und der Inhomogenität der Werkstoffe, die von so einschneidender praktischer Bedeutung sind.

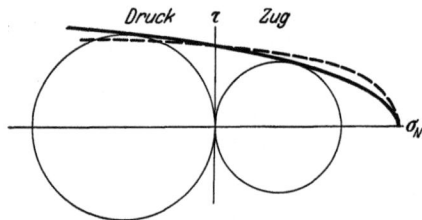

Abb. 69. Schematische Einflußbegrenzung der mittleren Hauptspannung im Verlauf der Hüllkurve.

——— = für $s_2 = s_3$ oder $s_2 = s_1$, Maximum des zweitgrößten Spannungskreises, kleinstmöglicher Schubwiderstand im Zuggebiet. (Kerbzug- und Druckversuche bei kreisrundem Probenquerschnitt.)
– – – = für $s_2 = (s_1 + s_3)/2$, Minimum des zweitgrößten Spannungskreises, größtmöglicher Schubwiderstand im Zuggebiet.

Das Versagen des Werkstoffes auf eine begrenzte elastische Anstrengung zurückzuführen, dürfte nur dann erfolgversprechend sein, wenn eine Verwandtschaft zwischen Elastizität und technischer Kohäsion aufgedeckt wird. Aus dem Ergebnis, daß die Trennfestigkeit doppelt so hoch wie die Zugfestigkeit und die elastische Dehnung im polarsymmetrischen Zustand halb so groß wie im linearen Zustand ist, $\left[\alpha(1-2\mu) = \frac{\alpha}{2}, \text{für } \mu = 0{,}25\right]$, folgt (unter Vernachlässigung der plastischen Verfestigung im linearen Zustand), daß die Trennfestigkeit bei der gleichen elastischen Dehnung überwunden wird, wie die Zugfestigkeit. Dies ist immerhin ein bemerkenswertes Ergebnis, um so mehr, als sich der Schubwiderstand als gänzlich veränderlich erwiesen hat und im polarsymmetrischen Zustand = 0 wird.

Im Gegensatz zur alten Dehnungshypothese von St. Venant, die Zug- und Druckspannung als gleich wirksam annimmt, wäre dann in Anlehnung an Griffith die Bruchgefahr nur durch die Zugdehnung bestimmt.

Praktisch ist die Auswertung dieses Ergebnisses allerdings noch eingeengt, einmal durch die hinzutretende Komplikation der Kaltverformung, dann hinsichtlich der nie zugleich quantitativ und stofflich in eindeutiger Weise zu definierenden Streckgrenze. Immerhin bedeutet diese Erkenntnis vielleicht doch einen physikalischen Zusammenhang zwischen Kohäsion und elastischer Anspannung, eine Brücke, die der allgemeinen Nutzanwendung allerdings vorläufig infolge der konventionellen Festlegung der Festigkeitsbegriffe noch verschlossen bleibt.

### b) Werkstoff.

Das Kohäsionsproblem wurde in den vorangehenden Abschnitten dahin erläutert, daß Einflüsse mikroskopischer und makroskopischer Inhomogenität auf die Festigkeit wesensgleich sind. Beide haben eine Verringerung der mittleren Festigkeit zur Folge. Diese Folgewirkung ist klar und eindeutig. Die Herabsetzung der Festigkeit vom Werte der atomaren auf die technische Kohäsion ist die Folgeerscheinung innerer Inhomogenität. Die weitere Herabsetzung der technischen Kohäsion auf die Störungswerte ist auf eine makroskopische Inhomogenität (Kerbung) zurückzuführen. Auf sie läßt sich in der Praxis Rücksicht nehmen, wenn die Spannungsspitzen unter gegebenen Verhältnissen bekannt sind.

### Plastizität.

Nicht so einfach liegen die Dinge hinsichtlich der Verformungsfähigkeit der Werkstoffe. Obgleich in Wirklichkeit auch hier die Inhomogenität stets eine Herabsetzung des gesamten Dehnungsvermögens zur Folge hat, so täuscht doch die methodisch-begriffliche Festlegung der Dehnungsfähigkeit als mittlere Verlängerung des Probestabes unter Einschluß der Bruchstelle darüber hinweg, indem unter dem Einfluß der Inhomogenität dieser mittlere lineare Dehnungswert sogar vergrößert erscheint. So wird mit dem methodischen Dehnungsbegriff eine fälschliche Beurteilung der Werkstoffe hervorgerufen.

Aus den Untersuchungen über die plastischen Verformungsverhältnisse bei Einkerbungen (S. 25) ging nämlich hervor, daß die Gesamtverformungsfähigkeit mit zunehmender Kerbwirkung (also makroskopischer Inhomogenität) abnimmt, daß aber der Anteil der Verformung, welcher vor der Höchstlast auftritt, auf Kosten des Anteils nach Eintritt der Höchstlast zunimmt. Die Übertragung dieses Vorganges auf die innere (mikroskopische) Inhomogenität würde erklären, daß Legierungen mit ausgeprägt inhomogenem Charakter eine verhältnismäßig große Gleichmaßdehnung, aber keine Einschnürdehnung besitzen. Die verstreut liegenden, weniger widerstandsfähigen Stellen rufen Spannungsspitzen hervor. Während nun der Gesamtquerschnitt die Höchstlastbedingung noch nicht erfüllt hat, mögen die Verformungen unter den Spannungsspitzen schon viel weiter vorgeschritten sein, sagen wir bis zu einem Grad, welcher beim homogenen Stoff schon Einschnürung hervorgerufen haben würde. Es würden dann wegen ihrer Vielheit und feinen Verteilung diese vorgeschrittenen Verformungen äußerlich als gleichmäßige Dehnung in Erscheinung treten. Ein solcher Werkstoff zeigt dann unter Beibehaltung seiner zylindrischen Form feinverteilte Anrisse (Abb. 70) ohne einen örtlichen Fließkegel ausbilden zu können.

Diese Erklärung ließe sich nicht folgerichtig durchführen, wenn man — wie es allenthalben geschieht — der Höchstlastbedingung nur eine rein mathematische Bedeutung beimessen wollte und ihr Eintreten lediglich an die geometrische Entstehung eines Fließkegels bindet. Die Ermittlungsmöglichkeit der Trennfestigkeit erlaubte aber die Feststellung, daß mit Überschreiten des Lastenmaximums eine Zerrüttung und Trennfestigkeitsabnahme überhandgenommen hat[11]. Das Lastenmaximum hat mithin für den homogenen Zustand eine unmittelbare physikalische Bedeutung und die physikalische Bedingung für die Höchstlast könnte auch ohne die Begleiterscheinung des Fließkegels erfüllt sein, wenn nämlich die Zerrüttung an allen Querschnitten des Stabes genau gleichzeitig einsetzen würde. Dies ist aber erfahrungsgemäß meist unwahrscheinlich. Nur bei dem Werkstoff Zink, welcher häufig bei einem ungewöhnlich langgestreckten Fließkegel einen Abfall der effektiven Zugkurve nach Überschreiten der Höchstlast zeigt[55], wird dieser Fall angenähert erreicht. Ähnlich verhalten sich die meisten, bei hohen Temperaturen geprüften Werkstoffe.

Jedenfalls folgt hieraus, daß bei Vorhandensein innerer Inhomogenität das Lastenmaximum nicht mehr eine Abgrenzung zwischen Verfestigungsdehnung und Zerrüttungsdehnung zuläßt und daß die damit behafteten Werkstoffe die Gleichmaßdehnung auf Kosten der Einschnürung vergrößern. Wie dann mit der methodischen linearen Dehnungsmessung der Verlust an Einschnürung quantitativ vernachlässigt wird, zeigt am besten ein Zahlenbeispiel: Eine Dehnung $\delta_{10}$ (Meßlänge = 10fachem Dmr.) von 12% könnte, beim Fehlen einer Einschnürung, einer Gleichmaßdehnung von 12% oder auch einer Einschnürung von 80% Querschnittsverminderung bei einer Gleichmaßdehnung von 0% entsprechen. Dieser Grad der Einschnürung ergäbe aber eine lineare Verlängerung[11] des meistgedehnten Werkstoffteilchens von 500% gegenüber 12% im ersten Falle. Dieses durchaus der Wirklichkeit angepaßte Beispiel zeigt nur zu deutlich, welche außergewöhnliche Fehlbeurteilung die eingebürgerte methodische Dehnungsmessung zuläßt. Leider haben wiederholte Hinweise auf diesen Mißstand[7, 11, 15] noch wenig Beachtung in der Öffentlichkeit gefunden und auch die neuesten Veröffentlichungen über Untersuchungen neuer Werkstoffe lassen immer noch die Angabe der Gleichmaßdehnung neben der Einschnürung vermissen.

Vermutlich beschreitet auch die Erzeugerindustrie seit Jahren einen irrigen Weg, indem sie unter Überbewertung einer großen linearen Bruchdehnung die Verformungsfähigkeit der Werkstoffe in unzweckmäßiger Richtung beeinflußt. Große Einschnürung, kleine Gleichmaßdehnung ist aber die Vorbedingung für die erstrebte statische Zähigkeit.

Ein natürliches Verhältnis zwischen Gleichmaßdehnung und Einschnürung ergeben reine Metalle. Es läßt sich also mit deren Hilfe eine ungefähre normale Grenzlinie nach Abb. 71 zeichnen. Sie hat die praktische Bedeutung, daß alle Stoffe, die oberhalb der Grenzlinie liegen, sich statisch kerbspröder verhalten als die darunterliegenden. So zeigte z. B. Kupfer Cu I von einer linearen Dehnung $\delta_{10} = 50\%$ ein kerbsprödes Verhalten (vgl. auch Abb. 25, 59, 72), während ein vorgereckter Stahl ($R'$) mit nur mehr $\delta_{10} = 0,6\%$ keine Festigkeitsverminderung bei Einkerbungen aufwies (vgl. auch Abb. 9). Der gleiche Stahl im ungereckten Zustande ($R$) erwies sich bei $\delta_{10} = 10\%$ als völlig kerbempfindlich (Abb. 8), während anderseits das erwähnte Kupfer nach Vorrecken bis zur Höchstlast Cu′I wieder statisch kerbsicher wurde (Abb. 25). Dies Ergebnis ist mit Rücksicht auf die geläufige Anschauung unerwartet, und man sieht daraus, daß der Wert der absoluten Größe der Verformung, Gleichmaßdehnung oder Einschnürung hinter demjenigen eines gesunden Verhältnisses beider Dehnungsformen zurücktritt. Und dieses Verhältnis ist beim

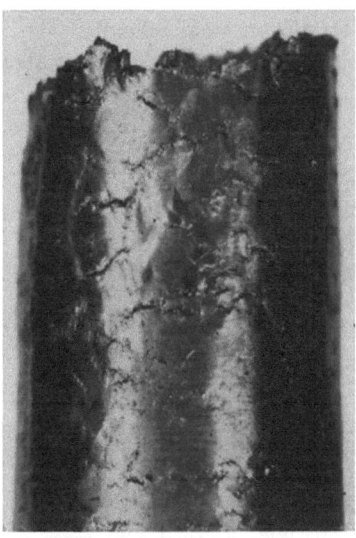

$v = 2 \qquad\qquad v = 2$

Abb. 70. Feinverteilte Anrisse an Zugstäben aus Bronze als Beispiel stofflicher Inhomogenität. Prüftechnische Kennzeichen: Keine örtliche Einschnürung, häufige große gleichmäßige Dehnung (z. B. linker Stab über 20%). Die große Dehnung ist vorgetäuscht, da sie als Summe feinverteilter Einschnürungen anzusehen ist. (Warnendes Beispiel für die grundsätzliche Bewertung der „großen" Dehnung. Solche Werkstoffe verhalten sich bei künstlicher Einkerbung unter großer Festigkeitsminderung äußerst spröde.)

geglühten Werkstoff ein Ausdruck für seine Homogenität.

Chrom-Nickelstähle sind als kerbsicher bekannt. Die Dehnungswerte einiger solcher Stähle (entnommen aus dem Werkstoffhandbuch[56] (H 11, S. 3, Stahl VCN 15) in Abb. 71 eingetragen, ergeben daher auch die günstige Lage unterhalb der Grenzkurve.

Unlegierte Kohlenstoffstähle von den Festigkeiten 70 bis 34 liegen etwas oberhalb, wenn man die im Werkstoffhandbuch (G 1, S. 5 u. 6) angegebenen geringsten Einschnürwerte zugrunde legt. Nach den DIN-Werkstoffnormen werden aber Einschnürmaße nicht zur Bedingung gemacht. Ein Verbraucher würde mit Rücksicht auf die in der Abb. 71 gegebene Eingruppierung in eine prekäre Lage geraten: Der Werkstoff würde sich kerbsicherer bei geringerer linearer Dehnung verhalten, die ihm die DIN-Normen verbieten. Eine größere Dehnung wäre zwar vorschriftsmäßig erwünscht, aber mit einer Zunahme der Kerbunsicherheit verbunden.

Ein aus gebrochenen Verbindungsbolzen eines Kraftfahrzeuges entnommener Stahl von 60 bis 64 Festigkeit ergab Dehnungswerte, die den DIN-Normen genügten. Mit seiner Eintragung in die Abb. 71 wäre er als kerbunsicher zu beurteilen (Punkt *10*). Beim Zugversuch zeigte sich dann auch, daß die Proben in den sehr feinen Teilmarken mit geringerer Einschnürung rissen.

Die Vorgänge des plastischen Gleitmechanismus im Vielkristall unter dem Einfluß des ungleichmäßigen und räumlichen Kraftflusses geben den Betrachtungen über den Wert der Metallverformung ein ganz anderes Gepräge. Nicht der Stoff ist nach der Verformung zu beurteilen, sondern die Verformung nach dem Stoff. Aus dem Grundsatz, den Werkstoff wegen der Vielheit seiner Kristalle als Quasihomogen zu betrachten, folgte das, wenigstens im mechanischen Sinne herkömmliche Recht, die Verformung als eindeutigen Vorgang aufzufassen. Die kristalline Inhomogenität erzeugt aber, fein verteilt im Stoffinnern, einen solchen Grad von Spitzenbeanspruchungen, daß die daraus resultierende Summe der Verformungen wohl scheinbar als „gute" Dehnfähigkeit zutage tritt, in Wirklichkeit aber eine Aufzehrung der

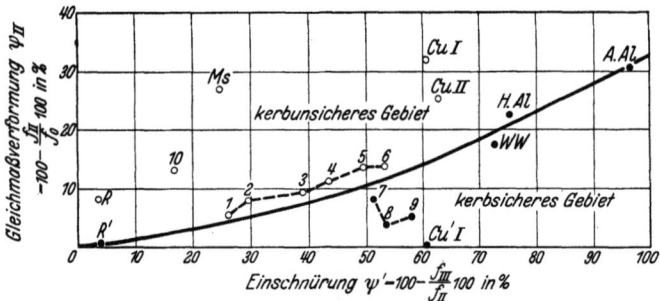

Abb. 71. Grenzkurve einer gesunden Verteilung von gleichmäßiger Verformung und Einschnürung zur Beurteilung der Werkstoffe nach ihrer statischen Kerbsicherheit.
Werkstoffe: $R$ = Stahl R, 0,7 % C; $R'$ dsgl. gereckt; $Ms$ = Messing 58, geglüht; $Cu\,I$ und $Cu\,II$ = Kupfer geglüht; $Cu'I$ = desgl. gereckt; $H.Al.$ = Handelsaluminium, geglüht, 98 %: $A.Al.$ = Amerik. Aluminium, geglüht, 99,9 %; $WW$ = Kruppsches Weicheisen, geglüht; *1* bis *6* = unlegierte Kohlenstoffstähle (St. 70, St. 60, St. 50, St. 44, St. 37, St. 34) nach DIN; *7* bis *9* = Chromnickelstahl VCN 15 nach DIN (geglüht, hart vergütet, zäh vergütet); *10* = Stahl von 60—64 kg/mm² Festigkeit, entnommen aus einem im Betrieb gebrochenem Bolzen.

Verformungsreserven bedeutet — große Gleichmaßdehnung, geringe Einschnürung! (Abb. 70.) Für diese Vorgänge ist der Kerbversuch das Symbol, ebenso wie für die homogene Beanspruchung der Zugversuch als Symbol gilt. Die Austarierung der Wirkungen von Bestandteilen hoher Festigkeit in der Legierung mit den Nachteilen großer Inhomogenisierung ist ein Prüfungsziel, das mit der Trennfestigkeit eng verbunden ist.

Das mit der Inhomogenität ursächlich zusammenhängende „Einreißen", d. h. die zeitlich nacheinander erfolgende Lösung der Materialbindungen und die damit verbundene Festigkeitsminderung spielt in der Praxis eine bedeutende Rolle (Abb. 15 u. 70). Daher ist neben der Ermittlung der ideellen Trennfestigkeit auch die Feststellung dieser Festigkeitsminderung nach einheitlicher Norm von Wert für die Beurteilung des Werkstoffes und seines Verhaltens in der Konstruktion.

## Statische Festigkeit.

Die prüftechnische Kontrolle darüber, ob ein Werkstoff statisch kerbempfindlich ist, läßt sich neben der richtigen Auswertung der Dehnung auch mittels der Kerbzugprobe ausführen (Kerbempfindlichkeitsprüfung). Hierbei wird nach S. 56 der gestörte Wert mit dem ungestörten Sollwert verglichen. Man könnte mit anderen beliebigen oder gebräuchlichen Kerbprobenformen sich ebenfalls ein Urteil über die Kerbsprödigkeit bilden, jedoch liegt der Vorteil des hier geschilderten Verfahrens darin, daß man mit Hilfe der Trennfestigkeit den Sollwert der ungestörten Festigkeit kennt und infolgedessen auch dann noch einen Maßstab für die statische Kerbsprödigkeit besitzt, wenn die gekerbte Probe mehr hält als die ungekerbte. Gewöhnlich pflegt man ja von einer statischen Kerbsprödigkeit nur dann zu sprechen, wenn die Festigkeit der gekerbten Probe im Vergleich zur ungekerbten abgenommen hat.

Für die Anwendung der Kerb-Zug-Probe spricht die gleichmäßige Sicherheit ihrer Ergebnisse (S. 40). Ihre methodischen Streuungen sind viel geringer als bei den anderen üblichen Prüfverfahren, z. B. bei der Streckgrenzen- und Festigkeitsermittlung am Zugstabe. Es erscheint wie ein Widerspruch in sich, daß die Ermittlung der Störungswerte völlig störungslos vor sich geht; das erklärt sich daraus, daß die Methode störungsfrei ist, die Störung selbst aber eine Materialeigenschaft darstellt.

Einer Methodisierung dieser Eigenschaft dürfte daher eine ganz besondere Bedeutung zukommen. Ist sie doch eine häufige Beigabe anderer Prüfmethoden, z. B. der Kerbschlag-Biege-Probe oder des Dauer-Schwingungsversuchs mit gekerbten Proben. Es dürfte sich bei solchen komplexen Beanspruchungen schwer auseinanderhalten lassen, wieviel Anteil die räumliche Beanspruchung für sich oder die Störung durch Inhomogenität an der Festigkeit haben. Ehe man die Kerbempfindlichkeit der Werkstoffe nicht von ihrer Festigkeit bei mehrdimensionaler Beanspruchung zu scheiden vermag, werden komplexe Prüfkennziffern nie völlig aufschlußreich sein können. Ebenso geht es mit der „Kerbziffer", die man neuerdings dadurch ermittelt, daß man die Schwingungsfestigkeit einer gekerbten Probe mit derjenigen einer ungekerbten in Beziehung bringt. Dies Verfahren kann zu sehr irrigen Vorstellungen über den Werkstoff führen. Es wurde schon auf S. 28 gezeigt, wie die Schwingungsfestigkeit in der Kerbe größer als außerhalb derselben ausfallen kann. Abgesehen von einem spitzen Kerbwinkel und geringer Kerbtiefe ist für diesen Fall ein störungsfreier Werkstoff und eine größere Trennfestigkeit als die doppelte Zugfestigkeit erforderlich.

Bei einem zu Störungen neigenden Werkstoff wächst die Störung nach einer mittleren Einkerbtiefe hin mit der Größe des Querschnittes und der Einkerbungsschärfe und ist die Folge der unterschiedlichen Spannungsverteilung. Ihre Behandlung gehört daher in das Gebiet der Konstruktion. Die Kerbempfindlichkeitsprobe soll bei einheitlicher Probenform dazu dienen, eine Maßzahl für die Störungsneigung des Werkstoffs abzugeben. Ihre Anwendung auf die Gestaltung wird im folgenden Kapitel behandelt.

Der ungestörte Sollwert ist der eigentliche Gütewert des Werkstoffes. Er ergibt sich bei räumlicher Zugbeanspruchung aus dem funktionalen Verlauf der Festigkeit nach der Trennfestigkeit hin (geradliniges Gesetz—

Hüllkurve). Aber auch der Zahlenwert der Trennfestigkeit unterliegt einem bestimmten Gesetz.

Im geglühten Zustand muß, entsprechend der Ableitung auf S. 27, $s_T/\sigma_B = 2$ sein. Mit dem Grad der Kaltreckung nimmt der Quotient zu. Mit einiger Sicherheit kann auch für sehr wenig dehnfähige Stoffe die relative Trennfestigkeit $s_T/\sigma_B = 2$ angenommen werden, nur gelingt es nicht, sie mit der auf S. 40 angegebenen Methode störungsfrei zu ermitteln (z. B. Messing in Abb. 25). Die Unvermeidlichkeit der durch die Inhomogenität hervorgerufenen Störung umfaßt bei ganz spröden Werkstoffen — wie es an Gußeisen nachgewiesen wurde — schließlich auch den kerblosen Zugstab (Abb. 25). Bei diesen Stoffen erreicht dann selbst der Zugstab kein Lastenmaximum. Alle Festigkeitswerte, die diese Werkstoffe ergeben, sind von vornherein gestört. Während also die, auf den Soll- oder Idealwert bezogene Störung um so größer ausfällt, je spröder der Werkstoff ist (Abb. 14), erscheint sie, bezogen auf die lineare Zugfestigkeit, zu gering, weil diese selbst gestört ist [57, 58, 59].

Die Größe der relativen Trennfestigkeit, also der Quotient $s_T/\sigma_B$ bildet mithin für den Werkstoff ein kritisches Merkmal dafür, ob er kaltgereckt ist.

Nicht immer stellen sich legierte Werkstoffe — die häufig in Verbindung mit ihrer Vergütung eine Kaltreckung in sich bergen — nach dem Ausglühen auf die Trennfestigkeit $2\sigma_B$ ein. Die Mehrheit der Bestandteile, die bei ein und derselben Glühtemperatur nicht zugleich ins Gleichgewicht zu bringen sind, dürfte die Ursache dafür sein. Dieser Fragenkomplex ist noch zu durchforschen. Jedenfalls bleibt auch in diesem Falle die Veränderlichkeit der relativen Trennfestigkeit ein Kriterium für die Glühwirkung.

Die Zunahme der Trennfestigkeit durch die Kaltverformung erfolgt aber nur in deren erstem Stadium. Bei stärkerer Verformung (jenseits des Lastenmaximums beim Zugversuch) tritt, wie schon an anderer Stelle begründet, die Zerrüttung (Ermüdung) hervor. Bei der Dauerschwingungsbeanspruchung wird die Zerrüttung nicht durch die Größe der Verformung, sondern die dauernde Wiederholung einer kleinen Verformung hervorgerufen (S. 18, 46, 44).

Die auch theoretisch begründete Erkenntnis des funktionalen sowie einfachen zahlenmäßigen Zusammenhanges zwischen Gleit- und Trennfestigkeit bildet den neuesten Fortschritt der Kohäsionsforschung und die Bedeutung des Kerb-Zug-Versuchs liegt daher darin, entweder aus einer Zunahme der relativen Trennfestigkeit gegenüber diesem zahlenmäßigen Verhältnis auf eine Kaltverformung und bei Verringerung auf eine Zerrüttung zu schließen oder bei verringerter (gestörter) Kerb-Zug-Festigkeit die Neigung der Werkstoffe zur statischen Kerbsprödigkeit festzustellen.

### Schlag- und Dauerfestigkeit.

Hinsichtlich der Kräfte unterscheidet sich die Schlagbeanspruchung von der statischen nur dadurch, daß der plastische Gleitwiderstand zunimmt. Daher ergaben Schlag-Zug-Versuche von Fuchs, Körber und Sack, Mailänder, zwar höhere Festigkeit, aber keine wesentlich veränderte Verformungsfähigkeit. Hier interessiert die Schlagwirkung bei mehrdimensionaler Beanspruchung, also bei Einkerbungen.

Daß bei Einkerbungen schon aus rein geometrischen Gründen sich die Verformung auf eine eng begrenzte Stelle konzentriert und damit die zur Zerstörung notwendige Schlagarbeit herabsetzt, ist bekannt und selbstverständlich. Man kann dieser Gefahr auch nur mit gestaltenden Mitteln, z. B. der Entlastungskerbe entgegenwirken[60]. Aber innerhalb dieser schwer zu umgehenden ungünstigen Auswirkung der Kerbe unter Schlagbeanspruchung verhalten sich die einzelnen Werkstoffe doch noch so verschieden, daß auch eine stoffliche Behandlung des Schlagproblems am Platze ist.

Es wird bei der Kerb-Schlag-Beanspruchung eine Überdeckung der dynamischen Erhöhung des Gleitwiderstandes mit einer Festigkeitszunahme infolge mehrdimensionaler Beanspruchung und mit einer Festigkeitsminderung infolge ungleichmäßiger Spannungsverteilung stattfinden. Es liegt kein Anlaß vor, bei dynamischer

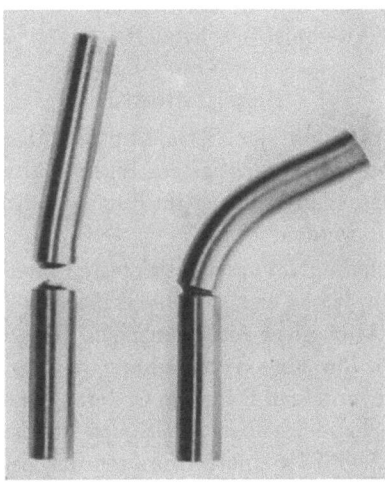

Abb. 72. Kerbschlagbiegeproben mit eingedrehtem Spitzkerb, geschlagen bei einseitiger Einspannung mit einem 4 mkg-Pendelhammer.
Links: Kupfersorte Cu I } vgl. Abb. 71 und 59.
Rechts: „ Cu II }

Beanspruchung sich den Zerstörungsvorgang anders vorzustellen als er nach Abb. 18 geschildert wurde, nämlich ein Vorweggehen der Verformung unter den Spannungsspitzen anzunehmen. Aber die bei diesem Vorgang festgestellte günstige Einwirkung einer geringen gleichmäßigen Dehnung auf die volle Ausnützung der Festigkeit wird hier zum Verhängnis. Beim Schlag-Kerb-Versuch wird die an sich hohe räumliche Festigkeit durch die dynamische Überhöhung bis zur Trennfestigkeit gesteigert, wodurch unter der Spannungsspitze ein verfrühter Anbruch entsteht (Tieflage der Kerbzähigkeit). Dieser Vorgang wird schon durch geringe Reckung ganz besonders begünstigt[4] und die Kerbzähigkeit sinkt dabei erheblich herab.

Daß aber die bei statischer Beanspruchung des ungereckten Werkstoffes auftretende Neigung zur Störung auch beim Schlagversuch eine große Rolle spielt, zeigt Abb. 72. Hier war, wie die große Verformung der einen geschlagenen Kupferprobe (Cu II) zeigt, die Trennfestigkeit unter der Spannungsspitze noch nicht erreicht worden. Die geringere Kerbzähigkeit der anderen Kupfersorte (Cu I) ist auf den hohen statischen Störungsgrad zurückzuführen, welcher mit der Kerbzugprobe ermittelt wurde (Abb. 25, 59, 71).

Die Erklärung der Schlagwirkung mit Hilfe der Trennfestigkeit ist vorläufig noch problematischer Natur[34, 61], sie muß durch systematische Versuchsreihen belegt und praktisch ausgewertet werden. Es ist nicht aussichtslos, daß eine Aufklärung in dieser Richtung die Kerb-Schlag-Probe entbehrlich macht, von welcher ja nur sehr unsicher auf das Verhalten des Werkstücks geschlossen werden kann.

Schlag und Ermüdung sind Beanspruchungsformen, die auf Zerstörung gerichtet sind, daher gewinnt für sie die Trennfestigkeit ganz besonders an Bedeutung. Vornehmlich für die so kostspielige und zeitraubende Ermüdungsprüfung ist es eine wirtschaftliche Notwendigkeit mit einfacheren Mitteln zum Ziele zu gelangen. Da eine Ermüdungswirkung mit Hilfe der Trennfestigkeit schon beim statischen Versuch feststellbar ist[11], so ist ein Ersatz der Dauerbeanspruchung durch den billigeren Trennfestigkeitsversuch sehr aussichtsreich[62]. Dieses Problem wurde im Abschnitt 9 behandelt.

### Begriffsdeutung.

Zum Abschluß der Betrachtungen über den Werkstoff sollen seine wichtigsten Eigenschaften einer zusammenfassenden Deutung im Sinne der Kohäsionslehre unterzogen werden.

Um sich die Plastizität des technischen Werkstoffes zu erklären, lassen sich die physikalischen Vorstellungen über das Atomgitter nicht umgehen. Das Gleiten wäre nach Abb. 73a eine Verschiebung in den Atomzeilen, wobei in jeder neuen Ruhelage Gitterabstand und Gitterordnung erhalten geblieben sind, das Trennen oder Spalten nach Abb. 73b eine Entfernung des Zeilenabstands.

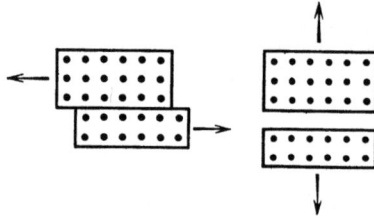

Abb. 73a und b. Schematische Darstellung des Unterschiedes von Gleiten und Trennen zwischen den Atomzeilen.

Diese Vorstellung verwirklicht sich nun nicht in so idealer Weise. Durch das Auftreten verschieden gerichteter Gleitebenen tritt bei fortschreitender Verformung eine Erschwerung des Gleitens durch eine Gleitebenenblockierung ein, zu welcher beim technischen Werkstoff noch eine solche durch die verschiedene Orientierung aneinanderstoßender Kristallite, durch die Korngrenzen und die verschiedenen Legierungsbestandteile hinzutritt. Ferner haben wir uns die Anschauung zu eigen gemacht, daß im Konglomerat die Verformung von verstreuten Aufspaltungen begleitet sein muß, die eine nebenherlaufende, sich steigernde Zerrüttung des Materialzusammenhanges erzeugen.

Es läßt sich daher dem Wesen nach der zeitlich erste Teil der Verformung als Verfestigungsdehnung, der zweite als Zerrüttungsdehnung bezeichnen. Eine exakte quantitative Abgrenzung beider Begriffe ist nicht möglich. Aber im homogenen Stoff- wie Gestaltszustand decken sich beide Begriffe praktisch sehr gut mit der beim Zugversuch vor und nach dem Lastenmaximum auftretenden Verformung also mit Gleichmaßdehnung bzw. Einschnürung. Im inhomogenen Zustand bildet das Lastenmaximum keine gegenseitige Abgrenzung mehr. Es tritt bei vorgetäuschter großer Gleichmaßdehnung die Zerrüttungsdehnung schon vor dem Lastenmaximum auf und im extremen Fall gibt es kein Lastenmaximum mehr, wenn die Zerrüttung schon den Bruch verursacht hat (S. 53).

Dieser extreme Fall führt auf den Begriff Sprödigkeit. Er ist mithin durch Inhomogenität gegeben, wobei die vorzeitige örtliche Zerrüttung in den Spannungsspitzen die Ausbildung der Verformungsfähigkeit einschränkt. Ist die Inhomogenität stofflicher Natur, so kann man von einer Materialsprödigkeit sprechen. Bei gestaltlicher Inhomogenität kann bei einem dehnfähigen Stoff eine Gestaltssprödigkeit eintreten, die wir quantitativ mit den Störungswerten zu erfassen suchten.

Das Gleiten nach Abb. 73a erfolgt energielos, da die aufgebrachte Energie zur Entfernung der Atome um einen halben Gitterabstand bei der Wiederanziehung und Annäherung während des zweiten halben Gitterweges wieder frei wird. Da homogene Kristalle nun äußerst geringe Kräfte zum Gleiten brauchen, so ließe es sich vorstellen, daß das Verschieben der einzelnen Atome zeitlich nacheinander vor sich geht und die freiwerdende Energie jedes einzelnen Atoms zur Weiterverschiebung des benachbarten Atoms verwertet wird. Diese Vorstellung ist natürlich nur möglich, wenn die Atomabstände in der Gleitrichtung, wie in der Abb. 73 skizziert, gleich sind. Sobald dieser Rhythmus unterbrochen ist, wächst der Gleitwiderstand. Schon Mischkristalle von Legierungen ergeben nach Sachs und Weerts[63, 64] eine höhere Streckgrenze, und zwar eine um so höhere, je ungeordneter die Atomordnung ist. Fügen sich Kristalle zu einem Haufwerk zusammen, so ist das Gleiten in einer bevorzugten Gleitrichtung an die Mitverformung des Nachbarkristalls und mit Wahrscheinlichkeit bei diesem in einer nicht bevorzugten, also ungeordneten Richtung gebunden. Es werden also im Vielkristall nicht nur die bevorzugten Gleitflächen, sondern auch widerstandsfähigere Gleitrichtungen für den Widerstand mobilisiert. Die Unordnung in der Gleitrichtung ist — wenn man von der Temperatur und der Belastungsgeschwindigkeit absieht — maßgebend für die Festigkeit. Sie wird beim Werkstoff verursacht durch die ungeordnete Vielheit der Kristalle, durch deren Verschiedenheit insbesondere bei heterogenen Legierungen und durch Gleitflächenblockierungen nach erfolgter Kaltverformung.

Aus dieser Betrachtung folgt, daß die Streckgrenze reiner Metalle tief liegen muß, weil die Einflüsse der Blockierung und Legierung fortfallen. Die hohe Streckgrenze von Legierungen tritt häufig sehr ausgeprägt in Erscheinung, weil ein spröderer Legierungsbestandteil sehr plötzlich, sei es durch Gleiten oder Aufspalten, nachgibt[30] (S. 46).

Die mit der Legierung verbundene Festigkeitserhöhung wird von einer Festigkeitsminderung — hervorgerufen durch die innere (stoffliche) Inhomogenität — überdeckt, die schon im elastischen Grenzgebiet die Herabsetzung der Elastizitätsgrenze oder die elastische Hysterese hervorrufen möge und begründet ist in vorzeitigen örtlichen Überbeanspruchungen (Spannungsspitzen).

Die äußere (gestaltliche) Inhomogenität erzeugt aus gleicher Ursache eine Minderung der mittleren (technischen) Festigkeit und sie wirkt sich bei Stoffen mit innerer Inhomogenität verstärkt aus (S. 51).

Die gestaltliche Inhomogenität ist eine Begleiterscheinung unstetiger Form, die auch einen mehrachsigen Spannungszustand hervorruft, welcher im veränderlichen Sinne auf den Schubwiderstand einwirkt. Im Verlauf vom eindimensionalen Zug zur polarsymmetrischen Zugbeanspruchung vermindert sich der Schubwiderstand bis auf den Wert null, während die Zugfestigkeit in Richtung der größten Hauptspannung bis auf die Trennfestigkeit ansteigt (Abb. 34 und 44). Diese Gesetzmäßigkeit gilt unter der Voraussetzung, daß die stoffliche Inhomogenität erhalten geblieben, die gestaltliche Inhomogenität aber wirkungslos geworden ist. Die Trennfestigkeit ist daher eine von Körpereinfluß befreite Materialeigenschaft (S. 48).

Schon beim Gleiten treten im Werkstoff innere Aufspaltungen auf, die als Zerrüttung oder Ermüdung gewertet werden können. Fällt im polarsymmetrischen Spannungszustand banale Gleitrichtung und Richtung der Spaltflächen zusammen, so tritt eine Trennung im Körper unter der Trennfestigkeit ein. Durch Gleiten vorermüdete Stoffe haben dann folgerichtig eine verringerte Trennfestigkeit[75, 11], durch Gleiten verfestigte Stoffe eine gehobene Trennfestigkeit[8, 11] (S. 46).

Die Ermüdung ist der statischen und dauernden Beanspruchung eigen. Bei (statischer) einmaliger plastischer Beanspruchung in einer Richtung ändert sich infolge der Verformung und plastischen Gestaltsänderung die Gleitrichtung im Werkstoff, so daß immer neue Gleitwiderstände mobilisiert werden, daher ist hier die Ermüdung mit hoher Festigkeit verbunden. Beim Dauerschwingungsversuch wird infolge der Geringfügigkeit der Verformung der Werkstoff in bleibender Gleitrichtung dauernd beansprucht, daher ist die Ermüdung schon unter geringer Belastung groß.

Unter Schlagwirkung erhöht sich der Gleitwiderstand. Die Gefahr liegt darin, daß durch diese Erhöhung die Trennfestigkeit bei geringer Verformung überwunden wird. Die Schlagarbeit ist dann gering. Diese stoffliche Wirkung tritt zu der rein gestaltlichen hinzu, daß bei Kerbungen das verformte Volumen an sich gering ist.

Die Kaltreckung bewirkt ebenfalls eine Erhöhung des Gleitwiderstandes. Im Zusammenwirken mit der Schlagbeanspruchung ist sie aus dem eben geschilderten Grunde gefahrbringend. Wird die meistbeanspruchte Stelle eines (gekerbten) Körpers kaltgereckt, so erhöht sich die Elastizitätsgrenze des Gesamtkörpers und damit auch die Schwingungsfestigkeit (Pressen des Kerbgrunds). Wird der Werkstoff vor der Gestaltgebung (Einkerbung) kaltgereckt, und zwar in der späteren Beanspruchungsrichtung, so wird die Elastizitätsgrenze und Schwingungsfestigkeit nicht begünstigt, aber die Festigkeitsminderung infolge ungleichmäßiger Spannungsverteilung wird herabgesetzt (S. 14 und 15).

### c) Konstruktion.

Die Festigkeitsberechnung für die Konstruktionen befaßt sich heute mit Vergleichsfestigkeitswerten, vornehmlich der Streckgrenze und Schwingungsfestigkeit, die symbolische Bedeutung haben. Den wirklichen in der Konstruktion auftretenden Festigkeitsverhältnissen geht man immer noch wegen ihrer Ungeklärtheit aus dem Wege, behandelt sie als Begleiterscheinungen und sucht ihnen durch den „Sicherheitsgrad", durch „Kerbziffern" und ähnliche Zusatzrechnungen beizukommen.

Die technische Kohäsionslehre verfolgt nicht etwa das Ziel, dem Konstrukteur zu den üblichen eine weitere „Festigkeitszahl" an die Hand zu geben, sondern die materialtechnische Beherrschung der wirklichen Festigkeitsvorgänge in der Konstruktion anzubahnen.

#### Statische Beanspruchung.

Die Vorbedingung ist, wie stets, die Kenntnis der Anspannungen im Werkstück. Über dieses Gebiet liegen manche neueren Arbeiten vor, welche als Anregung für den weiteren systematischen Ausbau der Spannungsermittlung dienen könnten[52, 65, 66, 67, 68, 69, 80]. Auch läßt sich durch elastische Querkontraktionsmessungen an der Konstruktion der Spannungszustand nach Formel (3) ermitteln.

Sind die Anspannungen bekannt oder erfahrungsgemäß mit genügender Genauigkeit zu schätzen, so richtet sich die nächste Frage auf die wahre Festigkeit des Werkstoffs unter diesem Spannungszustand. Die Festigkeit entnehmen wir gemäß Abb. 33, 44 oder 74, in welchen der Spannungszustand durch das Verhältnis der kleinsten zur größten Hauptspannung, also den Quotienten $s_3/s_1$ gekennzeichnet ist. Ob man den Begriff der Streckgrenze oder der Zugfestigkeit einführt, richtet sich nach den obwaltenden Verhältnissen.

Das gegebene Verfahren wäre sehr einfach, wenn mit dem räumlichen Spannungszustand nicht zugleich auch eine ungleichmäßige Spannungsverteilung verbunden wäre. Bei Kenntnis der Spannungsverteilung ist der obige Festigkeitswert für die Spannungsspitze einzusetzen.

Die Einführung eines zusätzlichen Sicherheitsgrades erübrigt sich nunmehr. Will man ihn trotzdem beibehalten, so ist jedenfalls seine Sicherheitswirkung vollständig eindeutig und dient nicht mehr zur Überdeckung aller möglichen undurchsichtigen Begleiterscheinungen, sondern lediglich zur quantitativen Sicherung.

Die Einführung der wahren (ungestörten) Festigkeit für die Spannungsspitzen bringt es mit sich, daß die mittlere Anspannung des Gesamtquerschnittes herabsinkt. In Abb. 74 sind gestörter und ungestörter Verlauf der Streckgrenze und Festigkeit für das $1-k=\dfrac{s_3}{s_1}$-System schematisch dargestellt. Betrachtet man jetzt verschiedene Spannungszustände, die außer dem Quotienten $s_3/s_1$

durch die Spannungsverteilungen $a$, $b$ und $c$ gekennzeichnet seien, so ist im Fall $b$ erkenntlich, daß infolge der hohen Spannungsspitze die zulässige Anspannung $\sigma_m$ beim Fließbeginn sehr niedrig liegt. Man pflegte in solchen unwirtschaftlichen Fällen die zulässige Beanspruchung höher zu wählen und mit einem Spannungsausgleich zu rechnen, wenn die Spannungsspitzen die Streckgrenze überschritten haben. Aus Gründen der besseren Werkstoffausnützung muß eine höhere Beanspruchung hier zugelassen werden. Aber die Gesichtspunkte, unter denen dies geschehen darf, sind gegenüber der geläufigen Anschauung andere geworden. Ein Spannungsausgleich tritt nur zum Teil in Erscheinung. Da nämlich die Verformung unter der Spannungsspitze der-

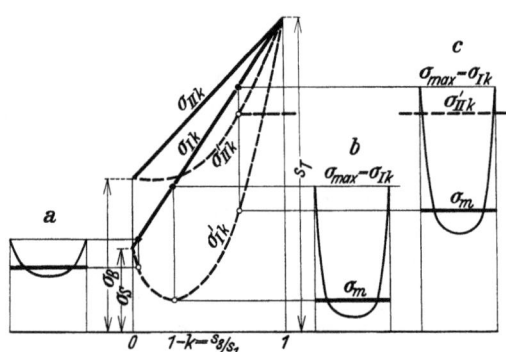

Abb. 74. Schematische Darstellung des Zusammenhangs zwischen Spannungsverteilung und gestörter sowie ungestörter Festigkeit im System $1-k=s_3/s_1$.

jenigen der übrigen Querschnittsteile vorauseilt, so wird sich hier der höheren Anspannung ein erhöhter Formänderungswiderstand entgegenstellen, und, ohne daß die Gesamtkonstruktion sich merklich deformiert hat, sich das statische Gleichgewicht wiederherstellen.

Es ist hierbei mit dem (teilweisen) Spannungsausgleich nicht — wie man meist anzunehmen pflegt — die Bruchgefahr auf alle Fälle gebannt, sondern im Gegenteil ist die meistbeanspruchte Stelle der Bruchmöglichkeit nähergerückt! Wie weit man mit dieser örtlichen Überbeanspruchung gehen darf, hängt ganz von den plastischen Eigenschaften des Werkstoffs ab. Maßgebend ist jedenfalls nicht — wie schon auf S. 51 hervorgehoben wurde — die genormte lineare Bruchdehnung.

Bei nicht kerbempfindlichen Werkstoffen, also solchen, welche bei der methodischen Kerbfestigkeitsprüfung das geradlinige Festigkeitsgesetz ergeben, könnte man selbst die mittlere (zulässige) Anspannung $\sigma_m$ bis zur wahren, auf der Geraden liegenden Streckgrenze $\sigma_{Ik}$ ohne Gefahr eines Bruches erhöhen, denn der Bruch tritt ja erst mit $\sigma_{IIk}$ ein. Wenn man hierbei berücksichtigt, daß nicht die am genormten Zugstabe ermittelte Streckgrenze $\sigma_I$ maßgebend ist, sondern die wesentlich höhere nach Formel (17) für den entsprechenden Spannungszustand $s_3/s_1$ errechnete Streckgrenze $\sigma_{Ik}$, so kommt man zu einer zulässigen Beanspruchung, die für kerbsichere Werkstoffe wesentlich höher liegt, als es nach der bisherigen Gepflogenheit der Fall sein würde. Sie könnte, je nach dem Spannungszustand höher liegen als die Zugfestigkeit $\sigma_B$ am genormten Zugstabe (vgl. Abb. 74, Fall $c$; $\sigma_{Ik} > \sigma_B$).

Anders liegen die Verhältnisse bei kerbempfindlichen Werkstoffen. Hier muß man mit dem Zuschlag an zu-

lässiger Beanspruchung zu $\sigma_m$ vorsichtig sein. In Abb. 74 ist der gestörte Festigkeitsverlauf $\sigma'_{IIk}$ andeutungsweise durch Strichelung eingezeichnet. Es liegt im Fall $c$ die gestörte Festigkeit $\sigma'_{IIk}$ unter dem Sollwert der Streckgrenze $\sigma_{Ik}$ nach Formel (17).

Wie weit darf man hier mit der plastischen Überbeanspruchung gehen?

Die Anspannung $\sigma_m$ darf die gestörte Zugfestigkeit $\sigma'_{IIk}$ nicht erreichen!

Zunächst ist also die gestörte Zugfestigkeit des Werkstücks zu ermitteln. Sie ist von der Kerbempfindlichkeit des Werkstoffs und der Gestaltung des Konstruktionsteils abhängig. Letztere drückt sich im Verhältnis der mittleren Spannung zur Spitzenspannung $= \sigma_m/\sigma_{\max}$ aus, welches abgekürzt als Spannungsverhältnis benannt und mit $\varkappa$ bezeichnet werden soll.

Der Verlauf der gestörten Festigkeit $\sigma'_{IIk}$ in Abhängigkeit vom Spannungsverhältnis $\varkappa$ und vom Werkstoff ist in Abb. 75 dargestellt. Ist der Werkstoff völlig unplastisch, so muß die gestörte Festigkeit proportional dem Spannungsverhältnis sein, oder gleich demselben, wenn die gestörte Festigkeit $\sigma'_{IIk}$ auf deren ungestörten Sollwert $\sigma_{IIk}$ bezogen wird, d. h. die gestörte Festigkeit verläuft in Richtung der eingezeichneten Diagonale. Aus gleichem Grunde muß die gestörte Elastizitäts-

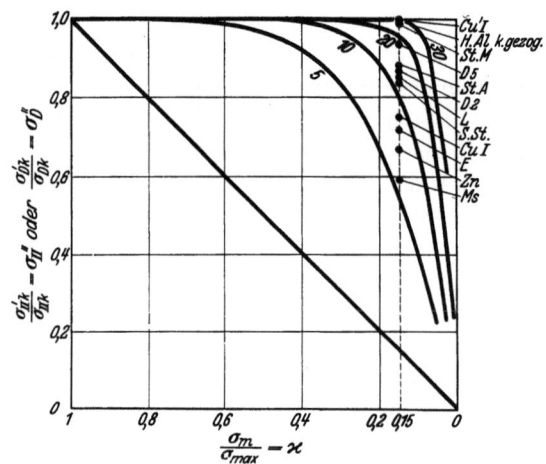

Abb. 75. Gestörte Festigkeit $\sigma''_{II}$ oder gestörte Schwingungsfestigkeit $\sigma''_D$ in Abhängigkeit vom Spannungsverhältnis $\varkappa$ und vom Störungsexponenten $i$ (angeschriebene Zahlen).
$\varkappa = 0{,}15$ entspricht der Kerbempfindlichkeitsprobe mit $\omega = 60°$, $k = 0{,}09$.
Werkstoffe aus Abb. 25 entnommen.

grenze eines plastischen Werkstoffes nach der Diagonalen verlaufen. Je günstiger nun die plastischen Eigenschaften sind, je höher verlaufen für den entsprechenden Werkstoff die Kurven der gestörten Festigkeit $\sigma'_{IIk}$ und unter sehr günstigen Plastizitätsverhältnissen bleibt erfahrungsgemäß die Festigkeit selbst bei sehr hohen Spannungsspitzen praktisch ungestört (S. 20). Im Grenzfall $\varkappa = 0$, also bei gedachter unendlich hoher Spannungsspitze müßten aber selbst sehr kerbsichere Stoffe eine vollständige Festigkeitsminderung erleiden und die Kurven werden nach unten umbiegen müssen.

Mit dieser Darstellung ist der Charakter der Kurven gegeben. Sie lassen sich mit $\sigma'_{IIk}/\sigma_{IIk} = \sigma''_{II}$ als Parabeln funktionell ausdrücken:

$$1 - \sigma''_{II} = (1-\varkappa)^i. \qquad (20)$$

Da man nun aus der auf S. 40 angegebenen Methode die gestörte Festigkeit $\sigma''$ bei einer genormten Probe mit bestimmten Spannungsverhältnis $\varkappa''$ kennt, so errechnet sich jetzt der Exponent $i$ für einen bestimmten Werkstoff zu

$$i = \frac{\log(1-\sigma'')}{\log(1-\varkappa'')}. \qquad (21)$$

Damit ist dann aus obiger Gleichung (20) die gestörte Festigkeit

$$\sigma''_{II} = 1 - (1-\varkappa)^{\frac{\log(1-\sigma'')}{\log(1-\varkappa'')}}.$$

Das Spannungsverhältnis der genormten Empfindlichkeitsprobe dürfte sowohl aus den Ergebnissen von elastischen Querdehnungsmessungen mit Ermittlung des Fließbeginns als auch im Hinblick auf die Untersuchung von Fischer[66] mit einiger Genauigkeit zu $\varkappa'' = 0{,}15$ angenommen werden können. (Eine genaue Ermittlung desselben konnte vor Drucklegung nicht fertiggestellt werden.)

Für dieses Spannungsverhältnis sind nun zur besseren praktischen Einführung in diese Darstellungsweise für einige Werkstoffe die gestörten Festigkeitswerte aus Abb. 25 in die vorliegende Abb. 75 übertragen worden. Die eingetragenen Werte bestätigen die angenommene Parabelfunktion insofern, als Werkstoffe mit $i > 10$ bei einem Kerbwinkel von 120°, welcher einem Spannungsverhältnis von etwa 0,25 entsprechen würde, in Übereinstimmung mit Abb. 25 praktisch kaum eine Störung mehr zeigen.

Im allgemeinen wird für die praktische Konstruktion das Spannungsverhältnis günstiger liegen als bei der gewählten methodischen Kerbempfindlichkeitsprobe. Ungünstiger wird es beispielsweise nach dem auf S. 12 Gesagten für Schraubengewinde großen Durchmessers ausfallen.

Nachdem so die gestörte Festigkeit des Werkstücks festliegt, weiß man, daß man sie mit der mittleren Anspannung nicht überschreiten darf.

Zu erwähnen ist, daß das Spannungsverhältnis $\sigma_m/\sigma_{\max}$ nicht nach einer bestimmten Funktion von $s_3/s_1$, dem Grad des räumlichen Spannungszustandes, verläuft. Nur für $s_3/s_1 = 0$ und $s_3/s_1 = 1$ ist $\varkappa = 1$. Zwischen diesen Grenzzuständen nimmt das Spannungsverhältnis bei konstanter Kerbtiefe mit abnehmenden Kerbwinkel nach Fischer[66] linear ab, nicht aber mit zunehmender Kerbtiefe, da mittlere Kerbtiefen das kleinste Spannungsverhältnis besitzen. Außerdem hat noch die Probengröße Einfluß auf das Spannungsverhältnis, indem dies bei kleinen Proben zunimmt. Einen Überblick über diese Spannungsverhältnisse ergeben die Festigkeitsstörungen nach Abb. 57 unten. Ist z. B. zugleich $k = 0$ und $\omega = 0°$, also $s_3/s_1 = 1$, so ist, da die Störung null geworden ist, $\varkappa = 1$ (S. 15, 20, 39). Mit Rücksicht auf diese wechselnden Einflüsse wurde für das reziproke Spannungsverhältnis die von Fischer gewählte Bezeichnung „Kerbzahl" nicht beibehalten. Treffender ist die von Thum und Buchmann[69] gewählte Bezeichnung „Formziffer" $\alpha_k = \sigma_{\max}/\sigma_m$ für den reziproken Wert des Spannungsverhältnisses $\varkappa$.

Unterschiede im Spannungsprofil, hervorgerufen durch verschieden breite Ausdehnung der Spitzenspannungen entweder über eine nur schmale Randzone (bei scharfen Rissen geringer Tiefe) oder über eine breitere (bei tiefen Einkerbungen) können vernachlässigt werden, da mit eingetretener Plastizität doch ein Ausgleich der Profile stattfindet.

Bei kreisförmigen Kerbprofilen kann an der Außenzone des Kernquerschnitts eine seitliche Kraft nicht unmittelbar angreifen. Man hätte hier den sehr ungünstigen lokalen Zustand, daß unter der Spannungsspitze nur die geringere lineare Festigkeit zu überwinden wäre (S. 14). Sehr genau durchgeführte Versuche von Bierett[67] an einem Modell großer Abmessungen ergaben aber, daß auch die Außenzone unter dem Einfluß der räumlichen Kraftwirkung des Gesamtquerschnitts steht und der Formänderungswiderstand hier die lineare Streckgrenze erheblich übersteigt. Die Ursachen für dieses scheinbare widerspruchsvolle Verhalten ausfindig zu machen, ist eine sehr lehrreiche Aufgabe. Wahrscheinlich ist bei $s_3 = 0$ die plastische Auswirkung des linearen Zustandes an einen viel größeren Bereich linearer Gestaltung des Körpers gebunden, als sie bei Querschnittsübergängen vorhanden ist.

Man sieht aus der gegebenen Darstellung, wie vorteilhaft Werkstoffe mit günstigen plastischen Eigenschaften für die Konstruktion ausgebeutet werden können und wie sehr es auf eine richtige Auslegung des Nutzens der Plastizität für die Konstruktion ankommt. Bei unübersichtlichen Spannungsverhältnissen bietet nur der Werkstoff die Sicherheit, nicht die Berechnung.

Die alte Anschauung, daß der Werkstoff im Bauwerk nur elastisch zu beanspruchen sei, dürfte mit einer recht unwirtschaftlichen Bemessung verbunden sein. Für die mit den Spitzenspannungen überbeanspruchten Stellen ist nicht nur die Streckgrenze von Bedeutung, sondern die Brucheigenschaften insbesondere diejenigen Plastizitätseigenschaften, welche dem verfrühten Bruch entgegen wirken. Darum kommt man mit den klassischen Anschauungen der Materialprüfung, besonders über die Verformungsfähigkeit, hier nicht vorwärts.

Schlag- und Dauerbeanspruchung.

Es ist bisher noch nicht gelungen, die Schlagfestigkeit zahlenmäßig in die Konstruktionsberechnung einzuführen. Es liegt das einerseits daran, daß bei der Schlagbeanspruchung die Kraftmessung unübersichtlich, ja praktisch unausführbar wird, sowohl in der Prüfprobe als auch im Konstruktionsteil. Zieht man aber den Begriff der Zerstörungsarbeit heran, so stößt man anderseits auf die Schwierigkeit, daß diese Sprünge macht und die für die Rechnungsauswertung so notwendige Kontinuität vermissen läßt. Eine befriedigende Erklärung kann hier von der Kohäsionslehre erwartet werden, weil die aufgezehrte Arbeit davon abhängt, ob die Trennfestigkeit oder das Lastenmaximum überwunden wird. Daß dies mit einer sprungartigen Veränderung des Arbeitsverbrauchs verbunden ist, liegt im Mechanismus des Ablaufs von Trenn- und Gleitwiderstand[15, 34, 61].

Gerade dieses Geschehen birgt aber die Aussicht in sich, daß man schließlich die Schlaggefahr mit den statischen Begriffen des Gleit- und Trennwiderstands zu erfassen vermag und damit den Weg zur Einführung in die Konstruktion angebahnt hätte. Bis diese schon in Angriff genommenen Untersuchungen zu einem Ergebnis geführt haben, ist der Konstrukteur wie bisher darauf angewiesen, Werkstoff und Bemessung nach der Kerbschlagprobe abzuschätzen.

Schneller wird die Kohäsionslehre mit der Dauer-Schwingungsfestigkeit fertig werden. Daß diese bei plastischen Stoffen in verhältnismäßig gut geregelter Abhängigkeit zur statischen Zugfestigkeit (Gleitwiderstand) steht, ist bekannt[15, 70]. Bei einem völlig unplastischen Werkstoff müßte die Schwingungsfestigkeit gleich der Trennfestigkeit sein, wenn man Spannungsspitzen als nicht vorhanden annimmt. Die verhältnismäßig hohe (allerdings gestörte) Schwingungsfestigkeit des Gußeisens findet zum Teil hierin ihre Erklärung. Im räumlichen Spannungszustand dürfte wegen der Unterbindung der Plastizität die ungestörte Schwingungsfestigkeit wie die Streckgrenze in Abb. 74 geradlinig nach der Trennfestigkeit hin verlaufen, während die gestörte Schwin-

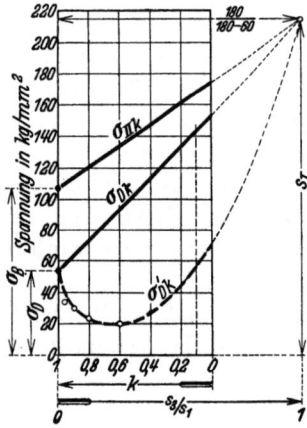

Abb. 76. Kerbschwingungsfestigkeit $\sigma'_{Dk}$ in Abhängigkeit von der relativen Kernfläche $k$ und $s_3/s_1$ bei einem Kerbwinkel von 60° nach Versuchen von Ludwik. Werkstoff: Cr-Ni-Stahl VCN 35 hart vergütet ($\delta_{10} = 11,9\%$, $\psi_{III} = 54,6\%$).

Bei der relativen Kernfläche $k = 0,1$ ($\omega = 60°$) kann aus obiger Abbildung für diesen Werkstoff $\sigma'_{Dk}/\sigma_{Dk} = 0,41$ abgegriffen werden. Für diesen Wert ist nach Abb. 75 der Störungsexponent $1 + i/10 = 4$ und $i = 30$, d. h. der Werkstoff dürfte praktisch nur geringe statische Störungsneigung zeigen. Nach Abb. 71 liegt er im kerbsicheren Gebiet, da er mit $\delta_{10} = 11,9\%$ und $\psi_{III} = 54,6\%$ annähernd genau dem Werkstoff 8 (VCN 15, hart vergütet) entspricht.

gungsfestigkeit entsprechend dem jeweiligen Spannungsverhältnis darunter liegen wird. Als Beispiel hierfür bringt die Abb. 76 Ergebnisse von Kerb-Dauerversuchen nach Ludwik[59], die, bei gleichbleibendem Kerbwinkel von 60°, hier in Abhängigkeit von der relativen Kernfläche $k$ eingezeichnet sind. Für spitzere Kerbwinkel oder gar für Haarrisse (Korrosionsrisse) würde die Kurve noch tiefer liegen, für stumpfere Kerbwinkel höher.

Betrachten wir nun wieder, wie bei der statischen Beanspruchung nach Abb. 74, zwei Fälle $a$ und $c$, die sich durch die Größe des Spannungsverhältnisses und die Verschiedenheit des Spannungszustandes unterscheiden mögen, so erkennt man, daß beispielsweise im Falle $c$ mit den größeren Spannungsunterschieden die gestörte Schwingungsfestigkeit — sie verlaufe etwa wie die gestörte Streckgrenze $\sigma'_{Ik}$ — höher als im Falle $a$ liegen kann, eben wegen des Anstiegs der ungestörten wie gestörten Schwingungsfestigkeit zur Trennfestigkeit hin. Es dürfte

mithin bei tieferen Kerben die Schwingungsfestigkeit gar nicht so ungünstig ausfallen als man aus den Versuchen mit unpolierten Stäben anzunehmen pflegt. Wie mir bekannt geworden ist, bestätigen die neuesten Erfahrungen mit praktischen Schwingungsversuchen an geschweißten und genieteten Brückenbaugliedern diesen auf der Kohäsionslehre aufgebauten Erklärungsgang.

Die Ermittlung der gestörten Schwingungsfestigkeit für ein Werkstück mit bekanntem Spannungsverhältnis würde dann ebenfalls nach Abb. 75 vorzunehmen sein, nur liegen die gestörten Werte niedriger als diejenigen des statischen Versuchs. Den vorliegenden praktischen Ergebnissen mit Kerb-Dauerversuchen kommt man am nächsten, wenn man in der Gleichung (20) den Störungsexponenten $1 + i/10$ wählt, wobei $i$ mittels der statischen Kerbempfindlichkeitsprüfung nach Gleichung (21) ermittelt wird*.

Es ist dann:

$$\sigma'_{Dk} = \left(1 - [1 - \varkappa]^{1+\frac{i}{10}}\right)\sigma_{Dk} \quad (22)$$

und nach Abb. 76 ist die ungestörte Schwingungsfestigkeit:

$$\sigma_{Dk} = s_T - \frac{s_3}{s_1}[s_T - \sigma_D]. \quad (23)$$

Die Schwingungsfestigkeit des ungekerbten Zugstabes ergibt sich nach früheren Untersuchungen[62] (vgl. auch Abschnitt 9):

$$\sigma_D = (\sigma_B^n - \sigma_B)\frac{s_{TII}}{s_T},$$

worin $s_{TII}$ die Trennfestigkeit des bis zum Lastenmaximum vorgereckten, $s_T$ des zu verwendenden Werkstoffs bedeutet und $n$ eine Versuchskonstante = 1,074 für Biegeschwingungen und = 1,079 für Zug-Druckschwingungen ist**. Die zusammengezogene Beziehung für die Schwingungsfestigkeit eines Werkstückes lautet dann:

$$\sigma'_{Dk} = \left(1-[1-\varkappa]^{1+\frac{i}{10}}\right)\left(s_T - \frac{s_3}{s_1}\left[s_T - (\sigma_B^n - \sigma_B)\frac{s_{TII}}{s_T}\right]\right). \quad (24)$$

---

* Es müßte also bei einem unplastischen Werkstoff wie Gußeisen mit $i$ angenähert = 1 die Kerbempfindlichkeit bei statischer und schwingender Beanspruchung groß und einander gleich sein. Das ergibt die Praxis auch, nur muß man berücksichtigen, daß die Störungen bei beiden Beanspruchungen zu klein erscheinen, weil schon die Zugfestigkeit und mehr noch die Schwingungsfestigkeit des glatten Stabes (als Bezugsgrößen) gestört sind[57, 58, 59]. Die Kerbempfindlichkeit des Gußeisens ist demnach nicht etwa sehr gering, sondern so erheblich groß, daß man selbst im linearen Spannungszustand praktisch keine ungestörten Werte erhalten kann. In Übereinstimmung mit diesem Gedankengang haben Moore und Lyon[71] ein (vorgetäuschtes) Ansteigen der Kerbempfindlichkeit mit der Homogenität und Feinkörnigkeit festgestellt (vgl. auch Abb. 14 und 25). An Stelle des Störungsexponenten $i$ berücksichtigt Thum den Werkstoff mit der „Empfindlichkeitsziffer" $\eta_k$, welche den Abbau der Spannungsspitze zahlenmäßig angibt[69]. Mit der Erklärung an Hand der Abb. 18 (S. 14, 38) gibt es keine konstante Abbauzahl, sondern der Abbau ist nach Abb. 75 wiederum eine Funktion der Spannungsspitze. Daher hat $\eta_k$ eine fiktive Bedeutung.

** Die Beziehung wurde versuchsmäßig aufgestellt, bevor die auf S. 31 und 37 angegebene Trennfestigkeitsermittlung bekannt war. Es wird angenommen, daß die Beziehung auch unter den neuen Prüfungsbedingungen wenigstens in ihrer Grundlage gültig bleibt.

Außer den statischen Werkstoffkennziffern $\sigma_B$, $s_T$, $s_{TII}$ ist mithin die Kenntnis des Spannungszustandes $s_3/s_1$, des aus der ungleichmäßigen Verteilung der Spannungen folgenden Spannungsverhältnisse $\varkappa = \sigma_m/\sigma_{max}$, des statischen Störungsexponenten $i$ und einer Versuchskonstanten $n$ für den genormten Schwingungsversuch notwendig.

Schwierig dürfte sich nur die genaue Kenntnis des Spannungsverhältnisses $\varkappa$ gestalten, nicht etwa für geometrische Kerbformen, sondern für feine Haarrisse und Korrosionsrisse. Der mittlere Spannungszustand $s_3/s_1$ wird durch solche Risse nicht beeinträchtigt, sondern nur das Spannungsverhältnis. Aber gerade für die Herabminderung der Schwingungsfestigkeit durch solche Risse kleinsten Ausmaßes liegen eine Menge neuerer Versuche vor [59, 81, 82, 83, 84, 85], von denen auf das Spannungsverhältnis zurückgeschlossen werden kann, wenn der Einfluß des Spannungsverhältnisses auf die Schwingungsfestigkeit bei geometrischen Kerbformen funktional bekannt ist. Da solche Unebenheiten der Oberfläche nicht konstruktiv bedingt sind, sondern je nach der Bearbeitung und dem Werkstoff eine ständige Begleiterscheinung darstellen, so kann man für sie ein erfahrungsmäßiges zusätzliches Spannungsverhältnis einsetzen und nach Formel (24) die Schwingungsfestigkeit bestimmen. Erwähnt seien hier auch die mechanischen Hilfsmittel zur Beseitigung der Gefahr bei Oberflächenbeschädigungen [86, 87].

Die Formel (24) soll den Weg andeuten, die Schwingungsfestigkeit in der Konstruktion mit nur rein statischen Festigkeitswerten zu ermitteln, ein Verfahren, welches mit Rücksicht auf die so teuere und zeitraubende Schwingungsprüfung längst dem Wunsche der Praxis entspricht.

### Bemessungspraxis und Werkstoffwahl.

Die gegebenen Rechnungsverfahren setzen natürlich Konstruktionsverhältnisse voraus, bei denen die Anspannungen mit genügender Genauigkeit ermittelbar sind. Sie betreffen also alle die Fälle, in denen der Konstrukteur sichere Materialwerte verlangt, um sie rechnungsmäßig einsetzen zu können.

Daß für den Konstrukteur der Werkstoff nicht mit einigen wenigen Festigkeitskennziffern abgetan sein kann, geht aus der abgeleiteten Veränderlichkeit der Festigkeit je nach der Beanspruchung zur Genüge hervor (vgl. auch A. Thum [69], E. Siebel [72]). So, wie der Zustand der Anspannungen mit dem Wechsel der Gestalt sich ändert und mit Hilfe der Elastizitätstheorie ermittelt wird, so ist auch der Materialwiderstand unter denselben Umständen veränderlich und mit Hilfe der Plastizitäts- oder Kohäsionstheorie zu beherrschen. Daß der Konstrukteur die Berechtigung der Elastizitätslehre für die Berechnung der Anspannungen anerkennt, den Werkstoff aber rezeptartig zu behandeln trachtet, ist die Ursache für die immer noch unklare Lage in der Bemessungspraxis.

Ohne eingehende Kenntnis der Widerstandsgesetze des Werkstoffes wird eine vollkommene Wirtschaftlichkeit und Sicherheit der Konstruktion nicht erreichbar sein.

Zwar wird mit Rücksicht auf die Rentabilität der Arbeitsweisen das Gros der Konstrukteure sich weder mit der Elastizitäts- noch Plastizitätstheorie befassen können, sondern die Bemessungspraxis mit Hilfe bekannter Faustformeln auszuüben gezwungen sein. Daher ist der vorliegende Versuch zur Einführung einer exakten Behandlung des Werkstoffwiderstandes in die Konstruktion, außer für schwierige Einzelfälle, zunächst für die engeren Fachkreise gedacht, welche sich mit der Ausarbeitung von Richtlinien für die Bemessung geläufiger Konstruktionsformen befassen.

Es liegt im Sinne einer **exakten Behandlung der Werkstoffestigkeit**, daß alle Beanspruchungsarten auf eine Grundform zurückgeführt werden. Diese ist die Schubfestigkeit in der wirksamen Gleitrichtung, welche der Hüllkurve entnommen wird oder der mit den Hauptspannungen gegebene Zustand. Die Grundeigenschaften der klassischen Materialprüfung, wie Zug-, Druck-, Biege-, Verdrehungsfestigkeit, erübrigen sich hiermit, da sie sich ja alle, selbst bei gegenseitiger Überdeckung, auf die Hauptspannungen zurückführen lassen. Auch bei der Überdeckung statischer mit schwingender Beanspruchung, die man systematisch in den Wechselfestigkeitsschaubildern — bei denen die Schwingungsfestigkeit in Abhängigkeit von der Vorspannung aufgetragen ist — festhält [73, 74], sind dann sinngemäß die dem gegebenen Spannungszustand und Spannungsverhältnis entsprechenden Werte einzuführen, wobei ebenfalls der Störungsexponent als $i$-Funktion bekannt sein muß.

In den besonders schwierigen Fällen, in denen die Ermittlungsmöglichkeit der Anspannungen in der Konstruktion versagt, ist die Sicherheit des Ganzen um so mehr auf die richtig erkannte Güte des Werkstoffs angewiesen. Der Verlaß auf die Sicherheit des Werkstoffs spielt hier eine größere Rolle als die Berechnung selbst.

Für die zahlenmäßige Auswahl des Werkstoffs sind neben der Festigkeit die Ergebnisse der Kerbempfindlichkeitsprüfung maßgebend. Die Frage lautet jetzt: Welcher Werkstoff erlaubt bei gegebenen Spannungsverhältnis eine möglichst hohe Spitzenbeanspruchung und damit eine hohe mittlere Anspannung. Die Spitzenbeanspruchung wird nach obenhin begrenzt durch den Wert $\sigma'_{IIk} = \sigma''_{II} \cdot \sigma_{IIk}$ und $\sigma'_{Dk} = \sigma''_D \cdot \sigma_{Dk}$ für statische bzw. Schwingungsbeanspruchung (vgl. S. 56 u. 58). Zur Erläuterung sind in Abb. 77 für einen Sonderfall der Beanspruchung mit $\sigma_m/\sigma_{max} = \varkappa = 0{,}15$ und $s_3/s_1 = 0{,}33$ die Festigkeitswerte $\sigma'_{IIk}$ und $\sigma'_{Dk}$ verschiedener Werkstoffe nach der Zugfestigkeit $\sigma_B$ geordnet eingetragen. Bei einigen von ihnen ist $\sigma'_{IIk} = \sigma_{IIk}$, sie sind dann statisch nicht gestört (vgl. Abb. 75). Die graphische Übersicht zeigt, wie statische Störungen in den Schwingungsfestigkeitswerten verstärkt in Erscheinung treten, aber auch wie die Verringerung der Störungsneigung durch Kaltrecken sich bei den Dauerversuchen ebenfalls besonders günstig auswirkt.

Man sieht außerdem, daß bei räumlicher Beanspruchung die hohen Festigkeitswerte durchaus nicht die größeren Störungen aufweisen [81]. Bei der starken räumlichen Wirkung in diesem besonderen Beanspruchungsfalle überwiegt der festigkeitsmehrende Einfluß gegenüber der Störung.

Bei weniger tiefen, aber scharfen Einkerbungen und bei großen Querschnitten liegen die Störungsverhältnisse wesentlich ungünstiger. Auch die Korrosionsdauerfestigkeit ist bei legierten Stählen hoher Festigkeit meist verhältnismäßig gering. Die Schlag-

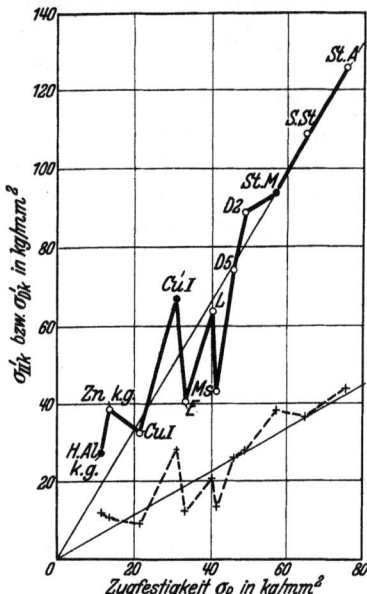

Abb. 77. Gestörte Festigkeit $\sigma'_{IIk}$ und Schwingungsfestigkeit $\sigma'_{Dk}$ in Abhängigkeit von der Zugfestigkeit $\sigma_B$ [$\sigma'_{Dk}$ wurde aus Formel (22) errechnet]. Spannungszustand $s_3/s_1 = 0{,}33$; Spannungsverhältnis $\varkappa = \sigma_m/\sigma_{max} = 0{,}15$; Werkstoffe aus Abb. 25. $\circ = \sigma'_{IIk}$; $\bullet = \sigma'_{IIk} = \sigma_{IIk}$; $+ = \sigma'_{Dk}$.

arbeit erfordert besonders für hohe Festigkeiten eine besondere Kontrolle.

Manche Feinheiten in der konstruktiven Anwendung, so die örtliche Kaltverformung als auch diejenige des gesamten Werkstoffs vor der Formgebung (S. 15) können ganz erheblich zur besseren wirtschaftlichen Ausnutzung beitragen, wenn man sie folgerichtig anwendet. Zu beachten ist dabei die Beanspruchungsrichtung und die nachteilige Auswirkung auf den Widerstand gegenüber schlagartiger Beanspruchung.

Im übrigen gelten die Regeln der exakten Festigkeitsberechnung insbesondere für Ansprüche an hochzähe und plastische Werkstoffe. Die vielfache Anwendung gegossener Werkstoffe für den Gehäusebau hat zwar an Bedeutung erheblich gewonnen, doch werden die Werkstücke aus Rücksichten der Steifigkeit meist stärker dimensioniert werden müssen, als es den Festigkeitsansprüchen entspricht, daher tritt die Bedeutung der örtlichen Überbeanspruchung hier in den Hintergrund.

Für Werkstoffabnahme und Kontrolle mögen die auf S. 50 angegebenen Richtlinien für die Bedeutung der plastischen Dehnungswerte Beachtung finden. Auch die Kontrolle etwaiger Zerrüttung durch die vorangehende Kaltbearbeitung und die verstärkende Zerrüttungswirkung durch nachträgliches Ausglühen ist nicht ohne Bedeutung für die spätere Lebensfähigkeit des Werkstoffs in der Konstruktion.

## Schlußwort.

Die Behandlung des Problems der Gestaltsfestigkeit in einem geschlossenen System des Kohäsionswiderstandes müßte im Sinne von Griffith, welcher nur die Zugbeanspruchung als gefahrbringend ansieht, allen Ansprüchen genügen. Indessen dürfte der Praktiker bei seiner in dieser Richtung noch nicht geschulten Anschauung auch bei anderen Beanspruchungsformen das Verhalten unstetig gestalteter Körper studieren wollen. Bei gleicher schematischer Anordnung sind daher Scher-, Druck-, wechselnde Zug-Druck- (statisch und dauernd) und Schlagversuche in Angriff genommen worden. Zu lösen bleibt der zahlenmäßige Einfluß der mittleren Hauptspannung, dessen ursächliche Erklärung gegeben wurde. Hierzu gehört auch die Untersuchung des hinsichtlich der Festigkeit noch nicht völlig geklärten ebenen Problems, welche nach gleichen Gesichtspunkten begonnen worden ist.

Die Lösung des Problems der Festigkeitsstörung infolge inhomogener Beanspruchung wurde in der Erweiterung des Griffithschen Mechanismus der Inhomogenität spröder Stoffe auf die Plastizität und auf makroskopische Verhältnisse gesucht. Bei plastischen Stoffen läßt sich die Störungsgefahr mit Hilfe des ungestörten Wertes ermessen. Vollkommen spröde Werkstoffe und diejenigen, die im Grenzgebiet der Sprödigkeit liegen, lassen sich prüftechnisch vorläufig weder bei eindimensionaler noch bei mehrdimensionaler Beanspruchung von den Störungen befreien. Hier versagt praktisch die Kohäsionsmethode. Es fragt sich aber, ob es überhaupt einen Sinn hat, bei so umfassender Störungsneigung nach einer Soll- und Idealfestigkeit als Grundlage zu fahnden, wenn der Vorteil der Gestaltsfestigkeit gegenüber der linearen Festigkeit und der Nachteil der Störung sich mehr als ausgleichen. Die Auswertung der (gestörten) linearen Festigkeit für die praktische Anwendbarkeit dieser Werkstoffe wird daher das zweckmäßigste Verfahren bleiben[77].

Die Kohäsionsfestigkeit wurde zunächst nur auf der Grundlage normaler Temperatur behandelt. Vorrichtungen für Warm- und Kaltprüfungen sind zwecks Erweiterung der Versuchsreihen in der Ausarbeitung begriffen. Auch die Untersuchung des Verhaltens der Werkstoffe bei ruhender Last dürfte nach Erkennung des Temperatureinflusses mehr Aussicht auf Erfolg haben.

# Literatur.

[1] W. Kuntze u. G. Sachs: Eindruckvorgänge in Metallen (G. Sachs: Spanlose Formung der Metalle). Berlin: Julius Springer 1931, S. 96—127 — Mitt. dtsch. Mat.-Prüf.-Anst., Sonderh. 16 (1931) S. 96—127.

[2] W. Kuntze u. G. Sachs: Der Fließbeginn bei wechselnder Zug-Druck-Beanspruchung. Metallwirtsch. Bd. 9 (1930) S. 85—89 — Mitt. dtsch. Mat.-Prüf.-Anst., Sonderh. 14 (1930) S. 77—82.

[3] A. u. L. Föppl: Drang und Zwang I und II. München u. Berlin: R. Oldenbourg 1920.

[4] W. Kuntze: Fragen der technischen Kohäsion. Z. Metallkde Bd. 22 (1930) S. 264—268 — Mitt. dtsch. Mat.-Prüf.-Anst., Sonderh. 14 (1930) S. 85—91.

[5] A. Smekal: Über die Bedeutung der Kristallbaufehler für das Verständnis der technisch beeinflußbaren Werkstoffeigenschaften. Metallwirtsch. Bd. 7 (1928) S. 776—782.

[6] A. Smekal: Die molekulartheoretischen Grundlagen der Festigkeitseigenschaften des Werkstoffkornes. Z. VDI Bd. 72 (1928) S. 667—782.

[7] W. Kuntze: Über die Kerbgefahr. Z. VDI Bd. 74 (1930) S. 78—82 — Mitt. dtsch. Mat.-Prüf.-Anst., Sonderh. 14 (1930) S. 71—77.

[8] W. Kuntze: Der Bruch gekerbter Zugproben. Arch. Eisenhüttenwes. Bd. 2 (1928/29) S. 109—117 — Mitt. dtsch. Mat.-Prüf.-Anst., Sonderh. 14 (1930) S. 7—16.

[9] Sachs-Fiek: Der Zugversuch. Leipzig: Akad. Verlagsgesellschaft 1926.

[10] K. Memmler: Materialprüfungswesen I. Berlin u. Leipzig: Sammlung Göschen, Nr. 311 (1930).

[11] W. Kuntze: Zur Deutung und Bewertung der Bruchdehnung bei Metallen. Z. Metallkde Bd. 22 (1930) S. 14—22 — Mitt. dtsch. Mat.-Prüf.-Anst., Sonderh. 14 (1930) S. 61—71.

[12] W. Kuntze: Abhängigkeit der elastischen Dehnungszahl $\alpha$ des Kupfers von der Vorbehandlung und Versuchsausführung. Mitt. dtsch. Mat.-Prüf.-Anst., Sonderh. 5 (1929) S. 97—113.

[13] W. Kuntze: Elastische Messungen an Kupfer mittels Martensscher Spiegel. Meßtechn. Bd. 4 (1928) S. 231—236 — Mitt. dtsch. Mat.-Prüf.-Anst., Sonderh. 14 (1930) S. 3—7.

[14] P. Ludwik: Begriffliche und prüfmethodische Beziehung zwischen Elastizität und Plastizität, Zähigkeit und Sprödigkeit. Erste Mitt. d. Neuen Intern. Verb. f. Materialprüf., Gruppe D, Zürich. Verlag NJVM 1930, S. 63.

[15] W. Kuntze: Struktur, Festigkeit, Stetigkeit. Z. VDI Bd. 75 (1931) S. 285—288 — Mitt. dtsch. Mat.-Prüf.-Anst., Sonderh. 17 (1931) S. 48—52.

[16] W. Engel: Die heutige theoretische Grundlage der Materialprüfung der Metalle. Danmarks Naturvidenskabelige Samfund, J. Kominission Hos G. E. C. Gad. Kopenhagen 1931.

[17] M. Considère: Die Anwendung von Eisen und Stahl bei Konstruktionen. Wien 1888.

[18] P. Ludwik: Elemente der technologischen Mechanik. Berlin: Julius Springer 1909.

[19] W. v. Moellendorff u. J. Czochralski: Technologische Schlüsse aus der Kristallographie der Metalle. Z. VDI Bd. 57 (1913) S. 931—935 u. 1014—1020.

[20] F. Körber: Verfestigung und Zugfestigkeit. Ein Beitrag zur Mechanik des Zerreißversuches plastischer Metalle. Mitt. Kais.-Wilh.-Inst. Eisenforschg., Düsseld. Bd. 3, 2 (1922) S. 1—15.

[21] F. Nielsen: Über die Bestimmung der Zerreißfestigkeit eines plastischen Metalls aus dem Stauchversuch. Stahl u. Eisen Bd. 42 (1922) S. 1687.

[22] G. Sachs: Zur Analyse des Zerreißversuchs. Werkstoffausschuß V. d. Eisenhütt., Ber. Nr. 58 (1925).

[23] E. Siebel: Einfluß der Einschnürung beim Zerreißversuch auf die Verfestigung der Metalle. Werkstoffaussch. V. d. Eisenhütt., Ber. Nr. 71 (1925).

[24] E. Schiebold u. G. Richter: Studien über den Zugversuch an kristallinen Stoffen. Mitt. dtsch. Mat.-Prüf.-Anst., Sonderh. 5 (1929) S. 68—96.

[25] E. Schapitz: Versuche zur Analyse der Einschnürung an Zerreißstäben. Z. Physik Bd. 70 (1931) S. 641—661.

[26] A. Mohr: Welche Umstände bedingen die Elastizitätsgrenze und den Bruch des Materials? Z. VDI Bd. 34 (1900) S. 1524 bis 1530 u. 1572—1577.

[27] W. Kuntze: Spannungsverteilung im Fließkegel. Mitt. dtsch. Mat.-Prüf.-Anst. u. Kais.-Wilh.-Inst. Metallforschg. Bd. 42 (1924) S. 31.

[28] G. Sachs: Grundbegriffe der Mechanischen Technologie der Metalle. Leipzig: Akad. Verlagsgesellschaft 1925.

[29] K. Memmler u. K. Laute: Untersuchung metallischer Baustoffe auf Schwingungsfestigkeit mit der Hochfrequenz-Zug-Druck-Maschine (Bauart Schenck). Mitt. dtsch. Mat.-Prüf.-Anst., Sonderh. 15 (1931) S. 39—70.

[30] W. Kuntze u. G. Sachs: Zur Kenntnis der Streckgrenze von Stahl. Z. VDI Bd. 72 (1928) S. 1011—1016 — Mitt. dtsch. Mat.-Prüf.-Anst., Sonderh. 9 (1929) S. 82—88.

[31] v. Karman: Festigkeitsversuche unter allseitigem Druck. Z. VDI (1911) S. 1749—1757 — VDI-Forsch.-Heft Nr. 118 (1912) S. 37—68.

[32] P. Ludwik: Streckgrenze, Kalt- und Warmsprödigkeit. Z. VDI Bd. 70 (1926) S. 379—386.

[33] J. Rathje: Der Schnittvorgang im Sande. VDI-Forsch.-Heft Nr. 350 (1931).

[34] W. Kuntze: Kerbzähigkeit und statische Kennziffern. Arch. Eisenhüttenwes. Bd. 2 (1928/29) S. 583—590 — Mitt. dtsch. Mat.-Prüf.-Anst., Sonderh. 14 (1931) S. 27—35.

[35] F. Rappatz: Das Oberflächenaussehen bei der spanabhebenden Bearbeitung, insbesondere beim Drehen. Arch. Eisenhüttenwes. Bd. 3 (1930) S. 717—720.

[36] P. Ludwik: Über die Bedeutung der Elastizitätsgrenze, Bruchdehnung und Kerbzähigkeit für den Konstrukteur. Z. Metallkde Bd. 16 (1924) S. 207—212.

[37] K. Laute u. G. Sachs: Was ist Ermüdung? Z. VDI Bd. 72 (1928) S. 1188 — Mitt. dtsch. Mat.-Prüf.-Anst., Sonderh. 9 (1929) S. 89—91.

[38] M. Polany u. E. Schmid: Ist die Gleitreibung vom Druck normal zu den Gleitflächen abhängig? Z. Physik Bd. 16 (1932) S. 336—339.

[39] E. Schmid: Neuere Untersuchungen an Metallkristallen. Proc. Int. Congress Applied Mechanics, Delft 1924 S. 342 bis 353.

[40] M. Georgieff u. E. Schmid: Über die Festigkeit und Plastizität von Wismutkristallen. Z. Physik Bd. 36 (1926) S. 759—774.

[41] W. Kuntze: Statische Grundlagen zum Schwingungsbruch. Z. VDI Bd. 72 (1928) S. 1488—1492 — Mitt. dtsch. Mat.-Prüf.-Anst., Sonderh. 14 (1930) S. 17—22.

[42] E. Schmid: Festigkeit und Plastizität von Metallkristallen. Metallwirtsch. Bd. 7 (1928) S. 1011—1075 — Mitt. dtsch. Mat.-Prüf.-Anst., Sonderh. 9 (1929) S. 97—103.

[43] W. Lode: VDI-Forsch.-Heft Nr. 303 (1928) — Z. Physik Bd. 36 (1926) S. 913—939.

[44] A. Busemann u. O. Föppl: Physikalische Grundlagen der Elastomechanik. Handb. Physik (Geiger u. Scheel) Bd. 6. Berlin: Julius Springer 1928.

[45] A. Nadai: Plastizität und Erddruck. Handb. Physik (Geiger und Scheel) Bd. 6. Berlin: Julius Springer 1928.
[46] P. Ludwik: Bruchgefahr und Materialprüfung. E.M.P.A. Zürich, Diskussionsbericht Nr. 35 (1928).
[47] M. Roš u. A. Eichinger: Versuche zur Frage der Klärung der Bruchgefahr. Verhandl. d. 2. internat. Kongresses f. Techn. Mechanik, S. 315. Zürich und Leipzig: Orell Füßli 1926.
[48] H. Fromm: Grenzen des elastischen Verhaltens beanspruchter Stoffe und Nachwirkung und Hysteresis. Handb. Physikal. u. techn. Mechanik (Auerbach u. Hort) Bd. 6 1. Hälfte. Leipzig: Joh. Ambr. Barth 1931.
[49] A. A. Griffith: The Phenomena of Rupture and Flow in Solids. Phil. Trans. Roy. Soc. London Bd. 220 (1921) S. 163—198.
[50] A. Smekal: Technische Festigkeit und molekulare Festigkeit. Naturwiss. Bd. 10 (1922) S. 799—803.
[51] K. Wolf: Zur Bruchtheorie von A. Griffith. Z. angew. Math. Mech. Bd. 3 (1923) S. 107—112.
[52] L. Föppl: Fortschritte auf dem Gebiet der spannungsoptischen Untersuchung von Konstruktionen Z. VDI Bd. 76 (1932) S. 505—508.
[53] A. Nadai: Zur Mechanik der bildsamen Formänderungen. Werkstoffaussch. V. d. Eisenhütt., Ber. Nr. 56 (1925).
[54] G. Sachs: Zur Ableitung einer Fließbedingung. Z. VDI Bd. 72 (1928) S. 734—736 — Mitt. dtsch. Mat.-Prüf.-Anst. Sonderh. 9 (1929) S. 94—97.
[55] G. Sachs: Festigkeitsuntersuchungen an Zink. Z. Metallkde. Bd. 17 (1925) S. 187—193.
[56] Werkstoffhandbuch: Stahl und Eisen, V. d. Eisenhütt. Düsseldorf: Verlag Stahleisen.
[57] A. Thum u. H. Ude: Die mechanischen Eigenschaften des Gußeisens. Z. VDI Bd. 74 (1930) S. 257—264.
[58] P. Ludwik u. R. Scheu: Die Veränderlichkeit der Werkstoffdämpfung. Z. VDI Bd. 76 (1932) S. 683—685.
[59] P. Ludwik: Kerb- und Korrosionsfestigkeit. Metallwirtsch. Bd. 10 (1931) S. 705—710.
[60] A. Thum u. S. Berg: Die Entlastungskerbe. Forsch.-Arb. Ing.-Wes. Bd. 2 (1931) S. 345—351.
[61] W. Kuntze: Kritische Kerbzähigkeitswerte. Metallwirtschaft Bd. 8 (1929) S. 992—998, 1011—1017 — Mitt. dtsch. Mat.-Prüf.-Anst., Sonderh. 14 (1930) S. 44—58.
[62] W. Kuntze: Berechnung der Schwingungsfestigkeit aus Zugfestigkeit und Trennfestigkeit. Z. VDI Bd. 74 (1930) S. 231—234 — Mitt. dtsch. Mat.-Prüf.-Anst., Sonderh. 14 (1930) S. 82—85.
[63] G. Sachs u. J. Weerts: Zugversuche an Gold-Silberkristallen. Z. Physik Bd. 62 (1930) S. 473—493 — Mitt. dtsch. Mat.-Prüf.-Anst., Sonderh. 13 (1930) S. 120—128.
[64] G. Sachs u. J. Weerts: Atomanordnung und Eigenschaften. Z. Physik Bd. 67 (1931) S. 507—515 — Mitt. dtsch. Mat.-Prüf.-Anst., Sonderh. 17 (1931) S. 45—48.
[65] Th. Wyss: Die Kraftfelder in festen elastischen Körpern. Berlin: Julius Springer 1926.
[66] G. Fischer: Kerbwirkung an Biegestäben. Berlin: VDI-Verlag 1932.
[67] G. Bierett: Ein Beitrag zur Frage der Spannungsstörungen in Bolzenverbindungen. Experimentelle Untersuchung eines Augenstabes. Mitt. dtsch. Mat.-Prüf.-Anst., Sonderheft 15 (1931) S. 3—39.
[68] R. V. Baud: Technische Methoden photoelastischer Forschung. Schweiz. Bauztg. Bd. 100 (1932) S. 1.
[69] A. Thum u. W. Buchmann: Dauerfestigkeit und Konstruktion. Berlin: VDI-Verlag 1932.
[70] P. Ludwik: Schwingungsfestigkeit und Gleitwiderstand. Z. Metallkde Bd. 22 (1930) S. 374—378.
[71] H. F. Moore u. S. W. Lyon: Tests of the Endurance of Gray Cast Iron under Repeated Stress. Proc. Amer. Soc. Test. Mat. Bd. 27 (1927).
[72] E. Siebel: Festigkeitseigenschaften und zulässige Spannungen. Werkstoffaussch. V. d. Eisenhütt., Ber. Nr. 176 — Stahl u. Eisen Bd. 51 (1931) S. 785—788.
[73] F. László: Werkstoff und Anstrengung. Stahl u. Eisen Bd. 52 (1932) S. 189—192.
[74] P. Fischer: Vorschlag zur Festlegung der zulässigen Beanspruchungen im Maschinenbau. Z. VDI Bd. 76 (1932) S. 449—455.
[75] N. Davidenkow u. E. Schewandin: Über den Ermüdungsriß. Metallwirtsch. Bd. 10 (1931) S. 710—714.
[76] W. Kuntze: Die Bruchgefahr bei metallischen Werkstoffen. VDI-Nachr. Bd. 9 (1929) Nr. 49 — Mitt. dtsch. Mat.-Prüf.-Anst., Sonderh. 14 (1930) S. 60—61.
[77] G. Meyersberg: Zur Auswertung des Biegeversuchs bei Gußeisen. Dissertation Aachen 1931 — Kruppsche Mh. Bd. 12 (1931) S. 301—330.
[78] W. Schütze: Orientierungsabhängigkeit der Kohäsionsgrenzen synthetischer Kaliumchloridkristalle. Z. Physik Bd. 76 (1932) S. 151—162.
[79] W. Schütze: Über die Kohäsionsgrenzen synthetischer Kaliumhalogenidkristalle. Z. Physik Bd. 76 (1932) S. 135 bis 150.
[80] E. G. Coker u. L. N. G. Filon: A treatise on Photo-Elasticity. Cambridge: At the University Press 1931.
[81] R. Mailänder: Dauerbrüche und Dauerfestigkeit. Kruppsche Mh. Bd. 13 (1932) S. 56—81.
[82] E. Lehr: Wie lassen sich die Ergebnisse der Schwingungsprüfung der Werkstoffe für den Konstrukteur nutzbar machen? Sparwirtsch. Bd. 8 (1931) S. 271—279 u. 313—320.
[83] P. Ludwik: Ermüdung. Int. Verb. f. Mat.-Prüf. Kongr. Zürich 1931 S. 190—206.
[84] K. Günther: Der Einfluß von Oberflächenbeschädigungen auf die Biegeschwingungsfestigkeit. Metallwirtsch. Bd. 8 u. 9 (1929/30) S. 1220—1224 bzw. S. 35—39.
[85] O. Graf: Die Dauerfestigkeit der Werkstoffe. Berlin: Julius Springer 1929.
[86] A. Thum u. H. Ochs: Die Bekämpfung der Korrosionsermüdung durch Druckvorspannung. Z. VDI Bd. 76 (1932) S. 915—916.
[87] E. Hottenrott: Die Korrosionsschwingungsfestigkeit von Stählen und ihre Erhöhung durch Oberflächendrücken und elektrolytischen Schutz. Berlin: NEM-Verlag 1932.
[88] W. Fahrenhorst u. E. Schmid: Wechseltorsionsversuche an Zinkkristallen. Z. Metallkde. Bd. 23 (1931) S. 323—328.

# VERLAG VON JULIUS SPRINGER / BERLIN UND WIEN

**Die Dauerfestigkeit der Werkstoffe und der Konstruktionselemente.** Elastizität und Festigkeit von Stahl, Stahlguß, Gußeisen, Nichteisenmetall, Stein, Beton, Holz und Glas bei oftmaliger Belastung und Entlastung sowie bei ruhender Belastung. Von **Otto Graf.** Mit 166 Abbildungen im Text. VIII, 131 Seiten. 1929.
RM 14.—; gebunden RM 15.50*

**Die Bestimmung der Dauerfestigkeit der knetbaren, veredelbaren Leichtmetallegierungen.** Von Dr.-Ing. **Richard Wagner.** (Berichte a. d. Institut f. Mechan. Technologie u. Materialkunde d. Techn. Hochschule zu Berlin, H. 1.) Mit 56 Textabbildungen. IV, 64 Seiten. 1928. RM 6.—*

**Über die Dauerbiegefestigkeit einiger Eisenwerkstoffe und ihre Beeinflussung durch Temperatur und Kerbwirkung.** Von Dr.-Ing. **Egon Kaufmann.** Mit 71 Textabbildungen. IV, 89 Seiten. 1931. RM 9.—*

**Die Dauerprüfung der Werkstoffe** hinsichtlich ihrer Schwingungsfestigkeit und Dämpfungsfähigkeit. Von Professor Dr.-Ing. **O. Föppl,** Braunschweig, Dr.-Ing. **E. Becker,** Ludwigshafen, und Dipl.-Ing. **G. v. Heydekampf,** Braunschweig. Mit 103 Abbildungen im Text. V, 124 Seiten. 1929. RM 9.50; gebunden RM 10.75*

**Einführung in die Mechanik fester elastischer Körper und das zugehörige Versuchswesen** (Elastizitäts- und Festigkeitslehre). Von Dr. **Rudolf Girtler,** o. ö. Professor der Deutschen Technischen Hochschule zu Brünn. Mit 182 Textabbildungen. VIII, 450 Seiten. 1931. Gebunden RM 29.—

**Elastizitäts- und Festigkeitslehre.** 566 Aufgaben nebst Lösungen und einer Formelsammlung. Vierte, vollständig umgearbeitete Auflage, herausgegeben von Professor Dr.-Ing. **Theodor Pöschl,** Karlsruhe. (F. Wittenbauer †, „Aufgaben aus der technischen Mechanik", Band 2.) Mit 498 Textabbildungen. VIII, 318 Seiten. 1931.
RM 12.60; gebunden RM 14.—*

**Festigkeitslehre.** Von **George Fillmore Swain,** Professor an der Harvard Universität, New York. Autorisierte Übersetzung von Dr.-Ing. **Alfred Mehmel,** Hannover. Mit 463 Textabbildungen. XVIII, 630 Seiten. 1928. Gebunden RM 34.—*

**Elastizität und Festigkeit.** Die für die Technik wichtigsten Sätze und deren erfahrungsmäßige Grundlage. Von Professor Dr.-Ing. **C. Bach** und Professor **R. Baumann,** Stuttgart. Neunte, vermehrte Auflage. Mit in den Text gedruckten Abbildungen, 2 Buchdrucktafeln und 25 Tafeln in Lichtdruck. XXVIII, 687 Seiten. 1924. Gebunden RM 24.—*

**Mechanik der elastischen Körper.** Redigiert von **R. Grammel.** (Band VI vom „Handbuch der Physik".) Mit 290 Abbildungen. XII, 632 Seiten. 1928.
RM 56.—; gebunden RM 58.60*

Inhaltsübersicht: Physikalische Grundlagen der Elastomechanik. Von Professor Dr. A. Busemann und Professor Dr.-Ing. Otto Föppl, Braunschweig. — Mathematische Elastizitätstheorie. Von Professor Dr. E. Trefftz, Dresden. — Elastostatik. Von Dr. J. W. Geckeler, Jena. — Elastokinetik. Von Professor Dr. F. Pfeiffer, Stuttgart. — Elastizitätstheorie anisotroper Körper (Kristallelastizität). Von Dr. J. W. Geckeler, Jena. — Plastizität und Erddruck. Von Professor Dr.-Ing. A. Nádai, Göttingen. — Der Stoß. Von Professor Dr. Th. Pöschl, Karlsruhe. — Seismik (Erdbebenwellen). Von Professor Dr. G. Angenheister, Potsdam. — Tafeln der Elastizitätskonstanten und Festigkeitszahlen. Von Dr.-Ing. P. Riekert, Stuttgart.

*Auf die Preise der vor dem 1. Juli 1931 erschienenen Bücher wird ein Notnachlaß von 10% gewährt.*

# VERLAG VON JULIUS SPRINGER / BERLIN

**Spanlose Formung der Metalle.** Von **G. Sachs,** unter Mitwirkung von **W. Eisbein, W. Kuntze** und **W. Linicus.** (Mitteilungen der deutschen Materialprüfungsanstalten, Sonderheft XVI.) Mit 235 Abbildungen. 127 Seiten. 1931.
RM 26.—; gebunden RM 28.—

**Spanlose Formung.** Schmieden, Stanzen, Pressen, Prägen, Ziehen. Bearbeitet von Dipl.-Ing. **M. Evers,** Dipl.-Ing. **F. Grossmann,** Dir. **M. Lebeis,** Dir. Dr.-Ing. **V. Litz,** Dr.-Ing. **A. Peter.** Herausgegeben von Dr.-Ing. **V. Litz,** Betriebsdirektor bei A. Borsig G.m.b.H., Berlin-Tegel. (Schriften der Arbeitsgemeinschaft Deutscher Betriebsingenieure, Bd. IV.) Mit 163 Textabbildungen und 4 Zahlentafeln. VI, 152 Seiten. 1926. Gebunden RM 12.60*

**Mitteilungen der deutschen Materialprüfungsanstalten.** Sonderheft XIV: **Arbeiten aus dem Staatlichen Materialprüfungsamt und dem Kaiser Wilhelm-Institut für Metallforschung zu Berlin-Dahlem.** Mit 135 Abbildungen. 91 Seiten. 1930.
RM 13.—*

Elastische Messungen an Kupfer mittels Matensscher Spiegel. Von W. Kuntze. — Der Bruch gekerbter Zugproben. Von W. Kuntze. — Statische Grundlagen zum Schwingungsbruch. Von W. Kuntze. — Apparat zur Messung der Querschnittsänderungen belasteter Stäbe. Von H. Sieglerschmidt. — Kerbzähigkeit und statische Kennziffern. Von W. Kuntze. — Zur Festigkeit im Schraubengewinde. Von W. Kuntze. — Die Kugeldruck-Härteprüfung von Holz. Von Johs. Stamer. — Beitrag zur Erkenntnis der elastischen Eigenschaften der Leichtmetalle. Von H. Sieglerschmidt. — Kritische Kerbzähigkeitswerte. Von W. Kuntze. — Elastische Formänderungen gezogener Holzstäbe. Von H. Sieglerschmidt und Johs. Stamer. — Die Bruchgefahr bei metallischen Werkstoffen. Von W. Kuntze. — Zur Deutung und Bewertung der Bruchdehnung bei Metallen. Von W. Kuntze. — Über die Kerbgefahr. Von W. Kuntze. — Der Fließbeginn bei wechselnder Zug-Druckbeanspruchung. Von W. Kuntze und G. Sachs. — Berechnung der Schwingungsfestigkeit aus Zugfestigkeit und Trennfestigkeit. Von W. Kuntze. — Fragen der technischen Kohäsion. Von W. Kuntze.

**Der bildsame Zustand der Werkstoffe.** Von Professor Dr.-Ing. **A. Nádai,** Göttingen. Mit 298 Textabbildungen. VIII, 171 Seiten. 1927. RM 15.—; gebunden RM 16.50*

**Über die Fließbewegung in plastischem Material,** das aus einem Zylinder durch eine konzentrische Bodenöffnung gepreßt wird, mit besonderer Berücksichtigung des Dick'schen Strangpreßverfahrens. Ein Beitrag zur Mechanik der plastisch-deformablen Körper. Von Dr.-Ing. **Hermann Unckel.** Mit 45 Abbildungen im Text und auf 11 Tafeln. IV, 66 Seiten. 1928. RM 8.—*

**Die Brinellsche Kugeldruckprobe** und ihre praktische Anwendung bei der Werkstoffprüfung in Industriebetrieben. Von **P. Wilh. Döhmer,** Schweinfurt. Mit 147 Abbildungen im Text und 42 Zahlentafeln. VI, 186 Seiten. 1925. Gebunden RM 18.—*

**Spannungskurven in rechteckigen und keilförmigen Trägern.** Theorie und Versuch über Spannungsverteilung als Scheibenproblem mit besonderer Berücksichtigung der lokalen Störung. Von **Akira Miura,** Professor an der kaiserlichen Universität Kioto. Mit 142 Abbildungen im Text und auf 6 Tafeln. V, 111 Seiten. 1928.
RM 11.—; gebunden RM 12.50*

**Die Kraftfelder in festen elastischen Körpern** und ihre praktischen Anwendungen. Von Privatdozent Dr.-Ing. **Th. Wyss,** Danzig. Mit 432 Abbildungen im Text und auf 35 Tafeln. IX, 368 Seiten. 1926. Gebunden RM 25.50*

**Materialprüfung mit Röntgenstrahlen** unter besonderer Berücksichtigung der Röntgenmetallographie. Von Dr. **Richard Glocker,** Professor für Röntgentechnik und Vorstand des Röntgenlaboratoriums an der Technischen Hochschule Stuttgart. Mit 256 Textabbildungen. VI, 377 Seiten. 1927. Gebunden RM 31.50*

*Auf die Preise der vor dem 1. Juli 1931 erschienenen Bücher wird ein Notnachlaß von 10% gewährt.*

If you have any concerns about our products,
you can contact us on
**ProductSafety@springernature.com**

In case Publisher is established outside the EU,
the EU authorized representative is:
**Springer Nature Customer Service Center GmbH
Europaplatz 3, 69115 Heidelberg, Germany**

Printed by Libri Plureos GmbH
in Hamburg, Germany